ブックレット〈書物をひらく〉6

江戸の博物学
島津重豪と南西諸島の本草学

高津 孝

平凡社

江戸の博物学——島津重豪と南西諸島の本草学［目次］

一▶薩摩の博物学と島津重豪

琉球人の若者と同仁堂

今から二百年以上も前の乾隆《けんりゅう》四十九年（一七八四）、北京の前門《チエンメン》にある清《しん》朝御《ご》用達《ようたし》の薬種商同仁堂▲に二人の琉球人《りゅうきゅうじん》の若者が訪ねてきた。二人の若者、紅之《こうし》誠《せい》、金文和《きんぶんか》は大型の彩色植物図五十図（図1参照）を携えてきており、そこに描かれた植物の鑑定を依頼してきたのである。植物図には、それぞれ標本が付され、簡単な生態についての説明が付いており、根や実も別の包みに収めてあった。同仁堂側で対応に当たったのは、周之良《しゅうしりょう》、鄧履《とうり》仁《じん》、呉《ご》美山《びざん》の三人であったが、見知らぬ植物も多く、回答しえたものはわずかで、なかには薬とはならないものもあった。

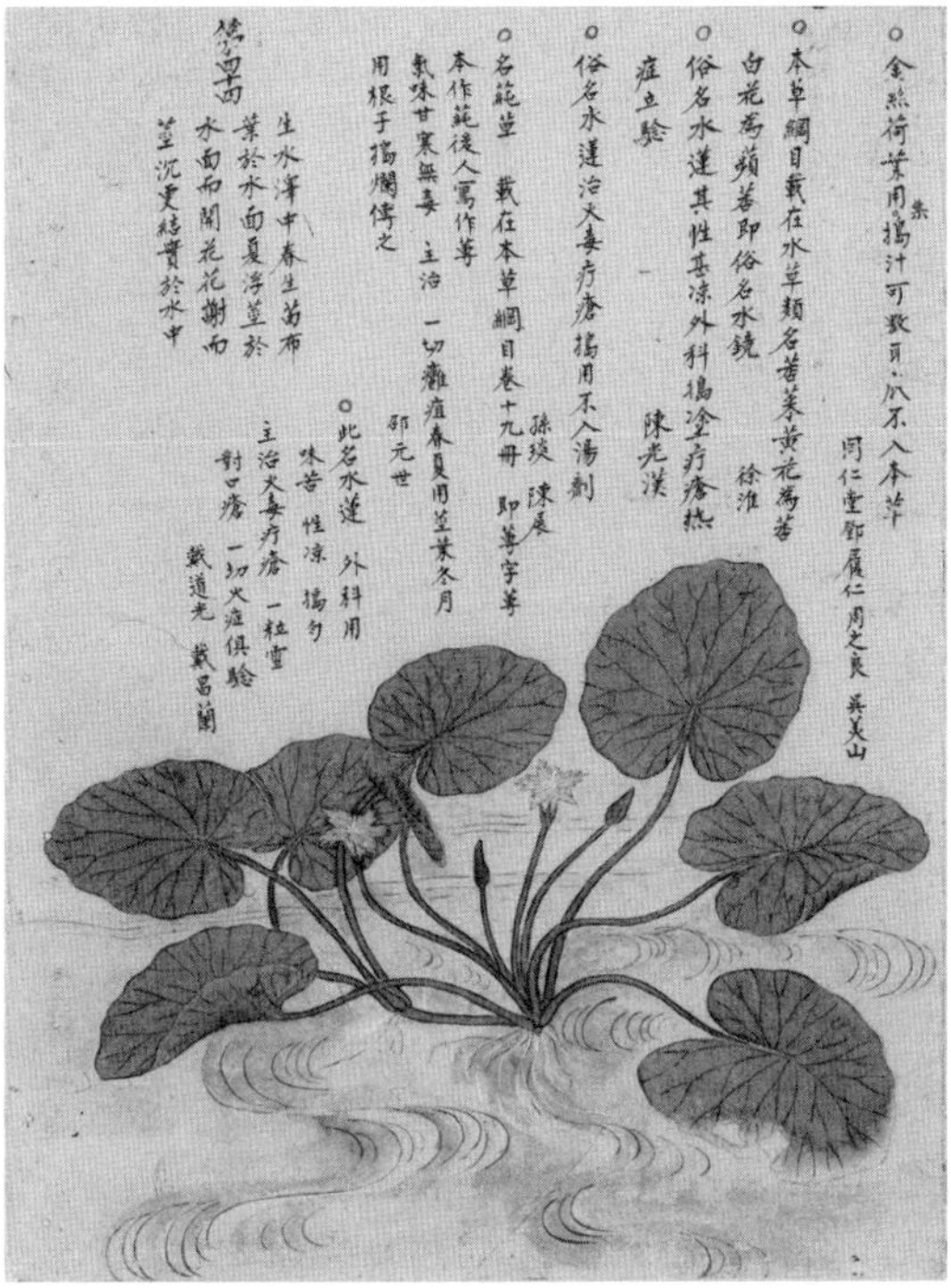

図1　『本草質問』「水蓮」

同仁堂　一六六九年創業の北京の薬種商。現在では北京同仁堂科技発展股份有限公司という中国有数の製薬会社になっている。その社史である『北京同仁堂史』（人民日報出版社、一九九三年）には、『質問本草』についての記述があり、書影も収録されている。

実はこの彩色植物図は薩摩藩の吉野《よしの》薬園で作られたもので、江戸にいた藩主島《しま》津《づ》重豪《しげひで》（一七四五―一八三三）の命令により、はるばる琉球を通じて、海路、福州に至り、水路、陸路を辿《たど》って北京に運ばれ、清朝御用達の薬種商同仁堂に鑑定を依頼することになったものである。これは、日本本草学《ほんぞうがく》の抱えていた本質的な問題点、中国産の薬材を基本として成立している本草学の書物を、異国である日本はどのように受容し理解すべきか、という問題の解決を目指してのものであった。この江戸の鎖国体制を突き破って行われた調査は、集大成され『質問本草《しつもんほんぞう》』（中国の学者に問い質《ただ》した結果をまとめた本草書）として残されている。天明《てんめい》五年（一七八五）島津重豪の時代に彩色写本として完成し、天保《てんぽう》八年（一八三七）曾孫の島津斉彬《なりあきら》（一八〇九―五八）の時代に木版で出版された。

本草学

本草とは、中国で生まれた薬物の記述で、物を薬（病気の治療と養生）という観点から記述した一種の博物学である。一方、西洋で生まれた自然の記述が博物学（natural history）であり、これも人にとって役立つという観点からの記述となっている。したがって、古代ローマのプリニウス『博物誌』▲も三分の一は薬の記述であり、二つの学問は近似している。この東アジア独自の薬物学・博物学である

『博物誌』 *Historia Naturalis,* ローマのプリニウスの著作で、AD七七年に完成した。全三十七巻、当時の博物学的知識を集大成した書物で、総項目数は二万にも及ぶ。

陶弘景　中国南朝梁の道士、道教思想家。南京近郊の茅山《ぼうざん》に隠棲し、薬物学に精通した。

本草学は、後漢時代（一・二世紀）に成立した最古の本草書『神農本草経《しんのうほんぞうきょう》』に対する増補注釈という形で展開していく。

本草学の初期において最も重要な著作が、梁《りょう》・陶弘景《とうこうけい》▲（四五二―五三六）によって著された『神農本草経集注《しっちゅう》』である。『神農本草経集注』は、『神農本草経』を三品分類という考えに基づき編纂しなおしたもので、薬を上薬、中薬、下薬の三種に分類する。上薬は、寿命を養うもので無毒、服用しても人を損なわず、体を軽くし体力をつける。中薬は、生命を養い、無毒あるいは有毒、病気の進行を抑え、虚弱な体質を補う。下薬は、病気を治すもので、有毒、長く服用できないが疾病を癒《いや》すものである。

以後、この『神農本草経集注』に基づき、各王朝において増補がくりかえされたが、陶弘景以降、最も重要な著作が明《みん》・李時珍《りじちん》（一五一八―九三）の『本草綱《こう》目《もく》』である。『本草綱目』は、独自の見解に基づき、すべての薬物を新しく分類しなおしたものである。西洋学術の影響を受け、博物学的思考が根底に流れるといわれる。この『本草綱目』が、日本に慶長九年（一六〇四）舶載され、寛永十四年（一六三七）和刻本として出版されて以降、日本における本草研究は大きく進展していく。やがて、本草学は、薬物学と博物学に分化し、博物学は物産学と結びついていくのである。

本書は、江戸時代における本草学の展開の中で、特異な発展を遂げた薩摩藩の本草学を取り上げる。薩摩本草学の対象は九州南部から南西諸島にかけての南北一千キロメートルの地域であり、日本本土部とは大きく異なる生物相がそこには展開していた。

天保刊本『質問本草』

島津重豪の命によって、天明五年（一七八五）に完成した『質問本草』天明写本は、永く刊行されないまま写本の形で伝来した。出版が行われたのは、約半世紀後の天保年間になる。天保刊本は、天保八年（一八三七）、島津重豪の曾孫島津斉彬によって、江戸で刊行された。島津斉彬が薩摩藩十一代藩主となるのは、父斉興《なりおき》の隠居に伴う嘉永《かえい》四年（一八五一）のことであるので、この時は藩主の跡継ぎという立場にあった。また、天保刊本では、『質問本草』の著者を琉球の呉継《ごけい》志《し》とする。そのため、『質問本草』は永く琉球人の著作が江戸後期に薩摩藩で刊行されたものと考えられてきた。

天保刊本は、全体が内篇四巻、外篇四巻、附篇一巻の三つに分かれる。内篇巻一は、問い合わせ先の中国の医師、薬種商などからの手紙や序文二十四篇が収められている。内篇巻二・三・四は、内服薬として用いられ、中国人によって名称

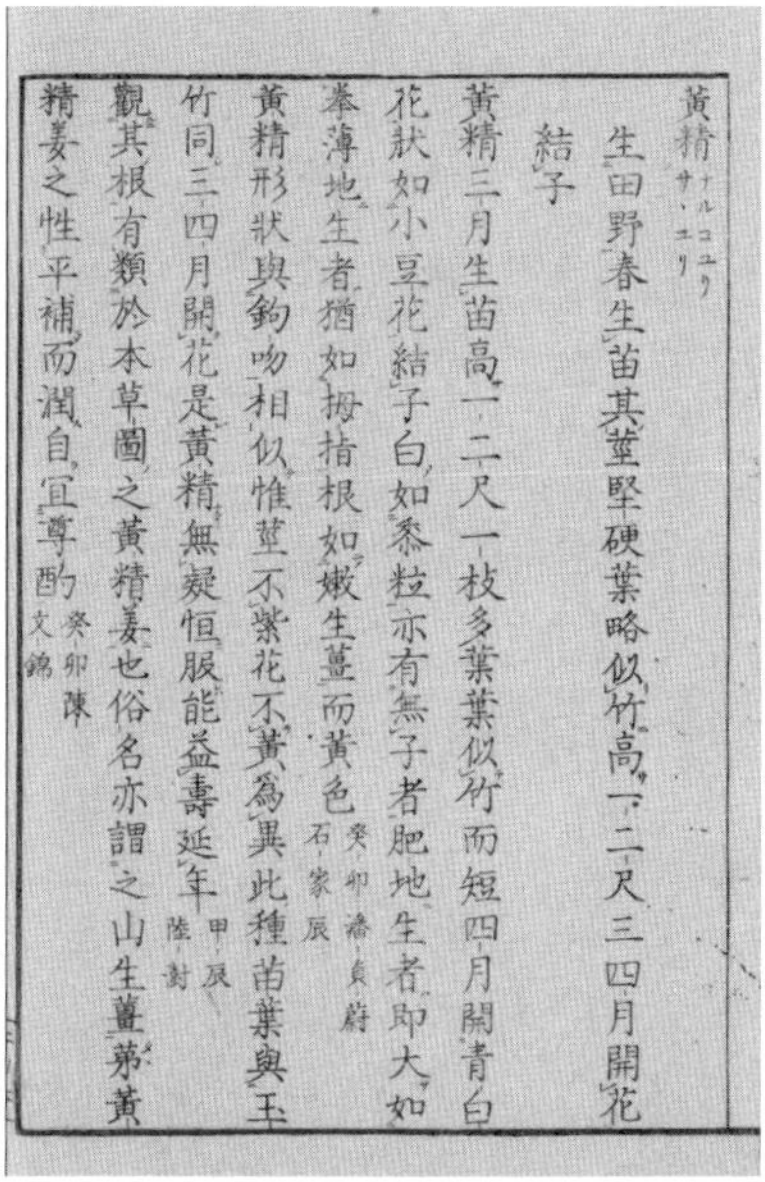

黄精 ナルコユリ サ・ユリ
生田野春生苗其莖堅硬葉略似竹高一二尺三四月開花
結子
黄精三月生苗高一二尺一枝多葉葉似竹而短四月開青白
花狀如小豆花結子白如黍粒亦有無子者肥地生者即大如
拳薄地生者猶如拇指根如嫩生薑而黄色 癸卯潘貞蔚 石家辰
黄精形狀與鉤吻相似惟莖不紫花不黄爲異此種苗葉與玉
竹同三四月開花是黄精無疑恒服能益壽延年 甲辰陸尉
觀其根有類於本草圖之黄精姜也俗名亦謂之山生薑茀黄
精姜之性平補而潤自宜尊酌 癸卯陳文錦

図３　『質問本草』（天保刊本）内篇巻二「黄精」

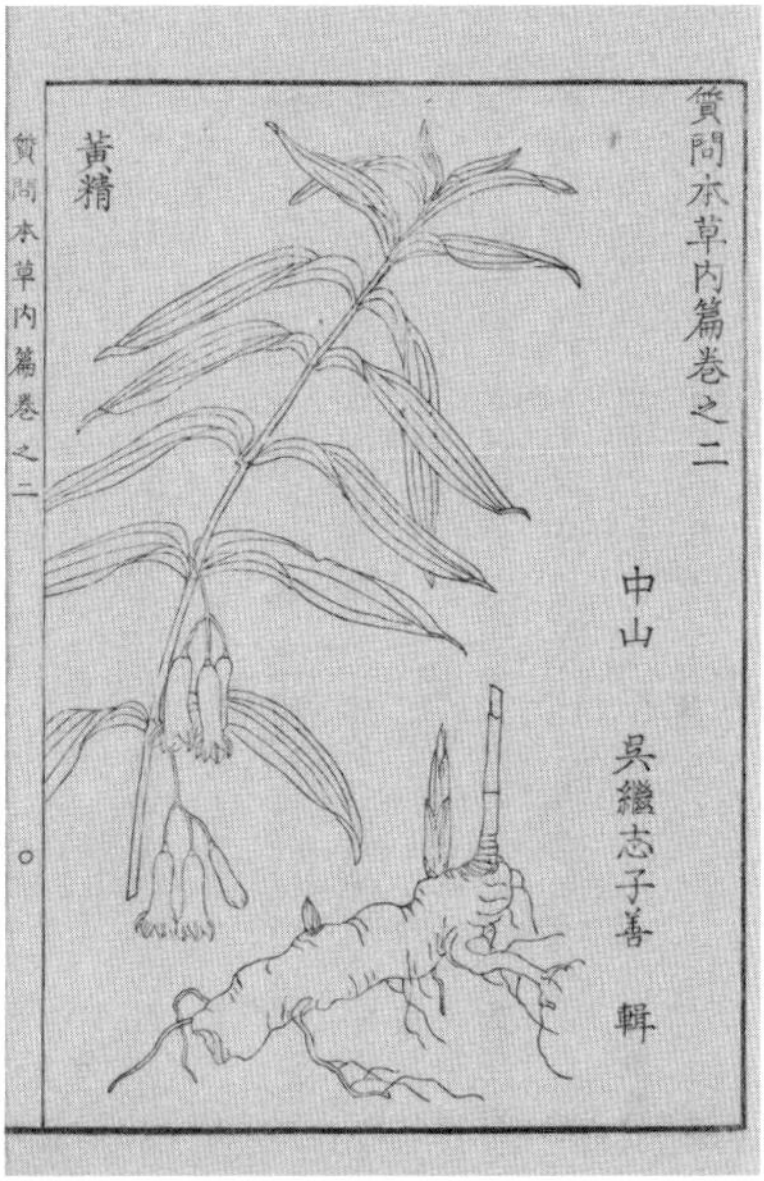

図２　『質問本草』（天保刊本）内篇巻二「黄精」

の確定されたもの四十一種を収め、外篇四巻は、外用薬として用いるものと、中国人にとっては珍奇なもので名称の確定しがたいもの九十七種を収める。附篇は、琉球と屋久島など南西諸島の植物で内地にはないもの二十二種を収める。

図２・３は、内篇巻二の巻頭「黄精（ナルコユリ）」であるが、編者は「中山　呉継志子善　輯」と記載されている。「中山」は琉球の別称で、編者は琉球人の呉継志、字《あざな》子善《ぜん》となる。琉球は、現実には薩摩藩の支配下にありながら、清朝との貿易関係を維持するため、表面上は独立王国として清朝の朝貢国となっていた。

そのため、薩摩藩が実質的に琉球を支配していることは、清朝側に対して徹底した隠蔽が行われた。清朝から使節が琉球に訪れた期間、薩摩藩の在番奉行は那覇を退去している。『質問本草』編纂のための調査も、琉球独自の調査であると説明されていたはずである。琉球における朝貢貿易の存続を最優先とする政策下に

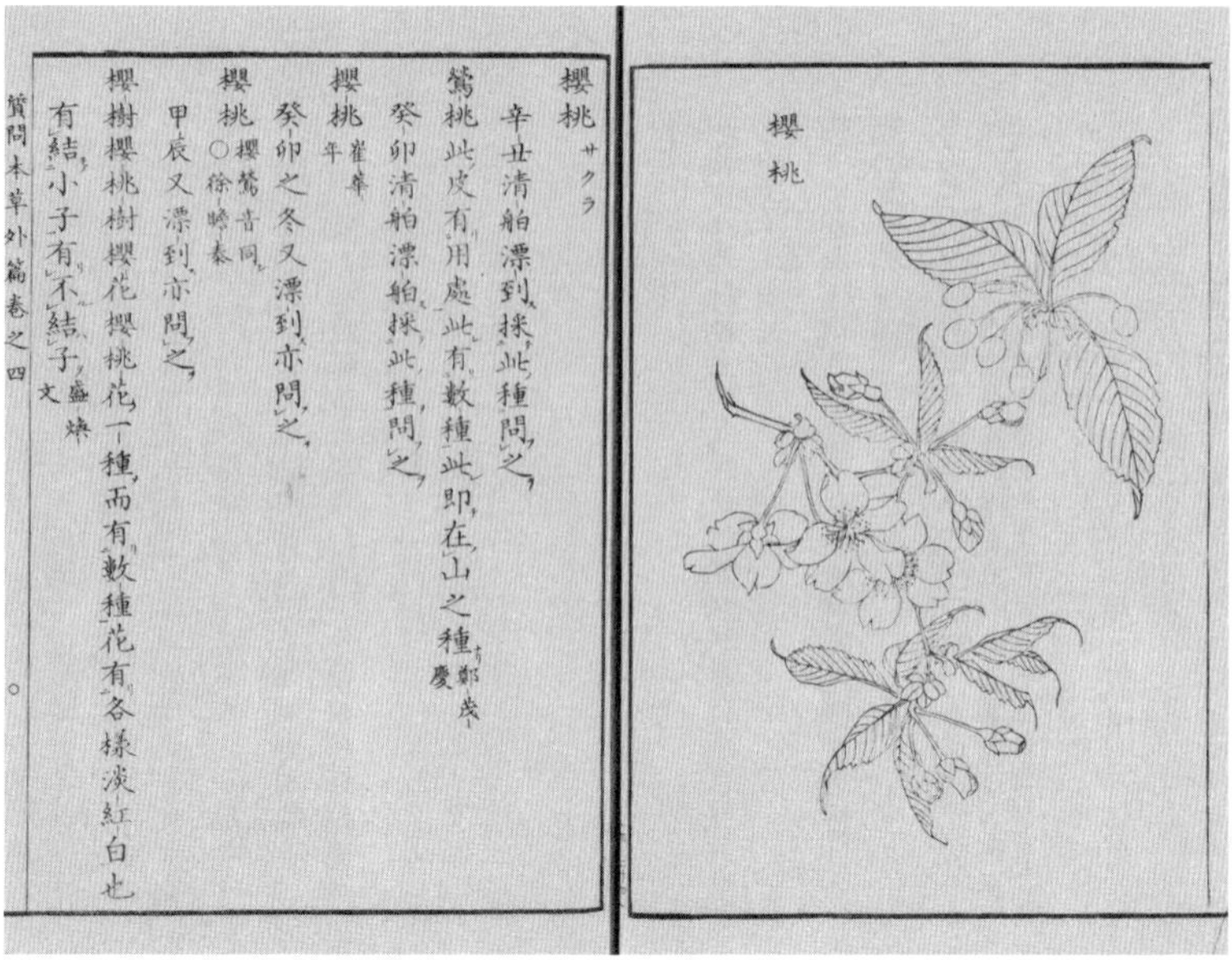
櫻桃 サクラ
辛丑清舶漂到採此種問之
鶯桃此皮有用處此有數種此即在山之種 鄭茂慶
癸卯清舶漂舶採此種問之
櫻桃 崔華年
癸卯之冬又漂到亦問之
櫻桃 ○櫻鶯音同 徐瞻泰
甲辰又漂到亦問之
櫻樹櫻桃樹櫻花櫻桃花一種而有數種花有各様淡紅白也
有結小子有不結子 盛煥文
質問本草外篇巻之四

図４　『質問本草』（天保刊本）外篇巻四「桜桃」

おいて、『質問本草』編纂に薩摩が関与していたことは秘すべき内容であった。著者の偽装もこうした背景のもとに生じたものである。

図４・５は、外篇巻四の「桜桃（サクラ）」である。「桜桃」で特徴的なのは、琉球ルートを通じて天明五年に江南出身の陸澍《りくじゅ》から回答を得ているほか、薩摩に漂着した清船に乗船していた人物にも質問し、回答を得ていることである。辛丑《しんちゅう》年（天明元年、一七八一）に漂着した福建・鄭茂慶《ていぼうけい》、癸卯《きぼう》年（天明三年、一七八三）に漂着した江南・崔華年《さいかねん》、江南・徐瞻泰《じょせんたい》、甲辰《こうしん》年（天明四年、一七八四）に漂着した福建・盛煥文《せいかんぶん》である。「漂到」「漂舶」とはいうが、実際には密貿易の可能性がある。彼らは基本的に清朝の貿易商であろう。

天明写本『質問本草』

『質問本草』が薩摩藩の編纂物であり、基本的に薩摩藩内に生育する薬用植物を対象としたものであるこ

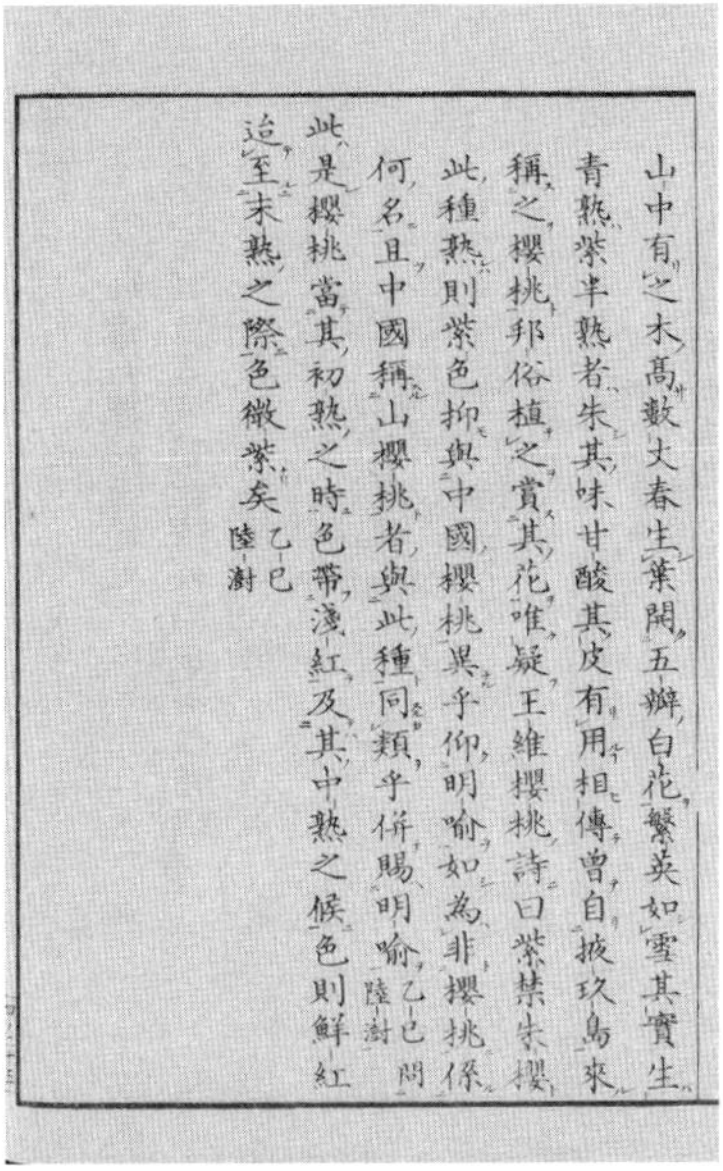
山中有之木高數丈春生葉開五瓣白花繁英如雪其實生
青熟紫半熟者朱其味甘酸其皮有用相傳曾自掖玖島來
稱之櫻桃邦俗植之賞其花唯疑王維櫻桃詩曰紫禁朱櫻
此種熟則紫色抑與中國櫻桃異乎仰明喩如為非櫻桃係
何名且中國稱山櫻桃者與此種同類乎併賜明喩 乙巳 陸謝 問
此是櫻桃當其初熟之時色帶淺紅及其中熟之候色則鮮紅
迨至末熟之際色微紫矣 乙巳 陸謝

図５　『質問本草』（天保刊本）外篇巻四「桜桃」

とが判明したのは、鹿児島大学附属図書館に所蔵する玉里《たまざと》島津家▲本の天明写本『質問本草』の発見による。この玉里写本は、天明年間、『質問本草』が編纂された当時の状況を述べた天明五年の年号を記す例言を有し、島津重豪時代に作成された『質問本草』の当初の形を保つ写本である。天明写本の天明五年例言により、天保刊本で『質問本草』の著者とされる琉球の呉継志が仮託の人物であること、『質問本草』の編纂は薩摩薬園署で行われたことがわかったのである。

天明五年例言には次のように言う。

一　之を中山人に係《か》け、空［し］く人名を擬す。中山呉氏多し、故に呉を以て姓と為す。先侯既に唐山を以て証と為［す］。枳殻《キコク》等の諸薬の若き皆《ごと》之を移植［す］。斯《こ》の挙善く其の志を継ぐと為［す］。故に継志と名《なづ》け子善と字《あざな》す。尚《こひねがは》くは後の人亦善く是の志を継で此の名を隕《おと》さざらんことを。

（本書を琉球人の著作とし、架空の人名を設定した。琉球には呉氏が多い。それゆえ、「呉」を姓とした。先侯（島津光久《みつひさ》▲）はすでに中国を拠り所とし、

玉里島津家　島津家の分家で、島津斉彬《なりあきら》の弟である久光《ひさみつ》が初代となり、明治期に設置された。島津久光は長男忠義《ただよし》が斉彬の後を継いで薩摩藩主となったため、幕末期、薩摩藩の実質的最高権力者であった。久光の収集した和漢の書籍は現在、鹿児島大学附属図書館に玉里文庫として所蔵されている。

島津光久　一六一六―九五年。薩摩藩第二代藩主。

枳殻　正保・慶安年間（一六四四—五二）に薩摩に移植、長島に植えられ、その後、藩内に広がった。『本草綱目纂疏』巻九「枳」。

図6　『質問本草』（天明写本）外篇巻一「梯沽」

枳殻▲等のさまざまな薬草はみな中国から移植した。この『質問本草』の編纂は、善くその志を継ぐものとなっている。ゆえに、「継志」（志を継ぐ）を名とし、「子善」を字《あざな》としたのである。後世の人が、善くこの志を継いで、この名前を毀損しないことを願うものである。）

［以下略］

天明五年乙巳《いつし》仲秋　　薩摩薬園署編選

天保刊本は木版印刷で、添えられた植物図も墨線のみであるが、玉里写本は非常に美しい彩色写本である。玉里写本は、内篇四巻、外篇四巻のみで附篇を欠く。内篇巻一の中国人の手紙、序文も十五篇に止《とど》まり、天明五年十一月以降の手紙、序文を収めない。まさしく天明五年仲秋という年号どおりの写本である。所収の植物は、百四十八種で、天保刊本より十二種少ない。この十二種はいずれも天保

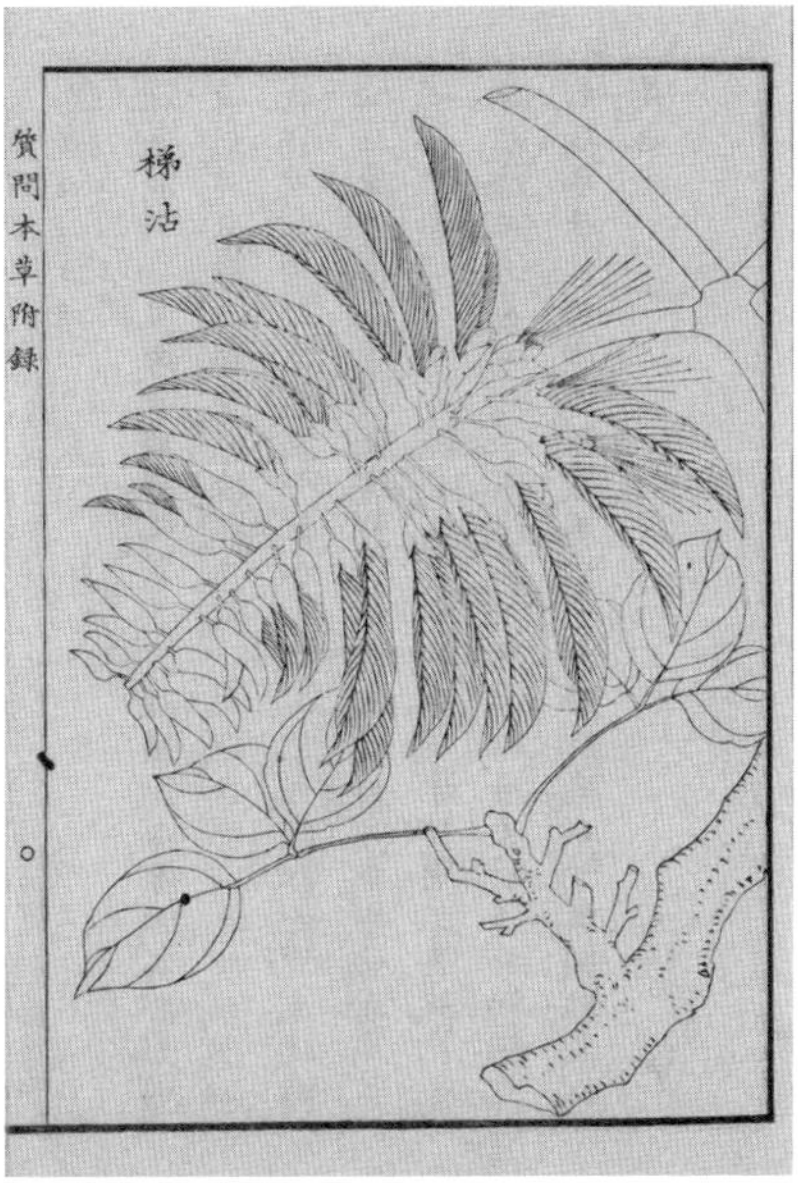

図７　『質問本草』（天保刊本）附篇「梯沽」

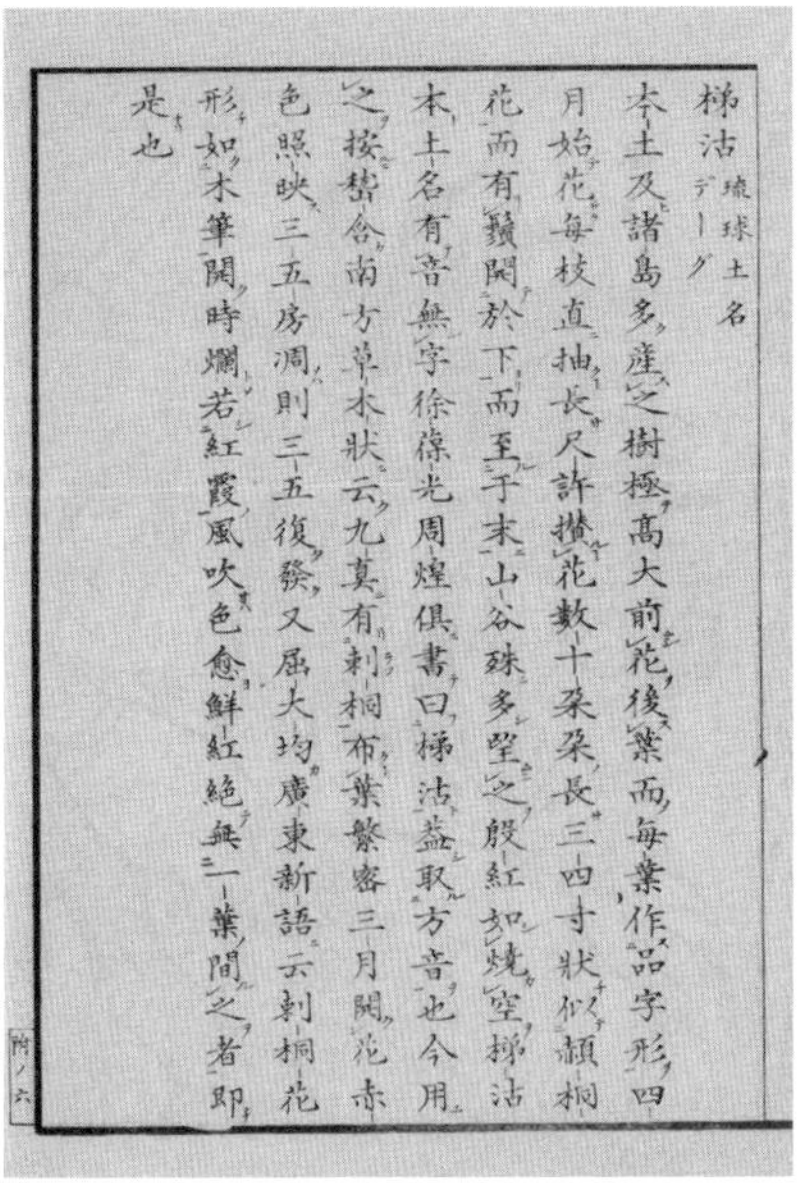
梯沽《デーグ》　琉球土名
本土及諸島多産之樹極高大前花後葉而毎葉作品字形四
月始花毎枝直抽長尺許攅花數十朶朶長三四寸狀似頳桐
花而有鬚鬪於下而至于末山谷殊多望之殷紅如焼空梯沽
本土名有音無字徐葆光周煌俱書曰梯沽蓋取方音也今用
之按嵇含南方草木狀云九真有刺桐布葉繁密三月開花赤
色照映三五房凋則三五復發又屈大均廣東新語云刺桐花
形如木筆開時爛若紅霞風吹色愈鮮紅絶無一葉間之者即
是也
附ノ六

図８　『質問本草』（天保刊本）附篇「梯沽」

刊本附篇二十二種に含まれる南西諸島の植物で、附篇の残り十種は、枳《キ》（玉里写本では枳殻《キコク》）、龍眼《リユウガン》、橄欖《カンラン》、使君子《シクンシ》がこの順序で内篇巻二巻頭に、報歳蘭《ホウサイラン》、屈子花《クツシカ》（イリオモテラン。玉里写本では寿蘭《ジユラン》）、梯沽《デイゴ》、玉蘂《ギヨクズイ》（サガリバナ。玉里写本では佐和藤《サワトウ》）、蒲桃《ホトウ》（フトモモ。玉里写本では高梨《コウリ》、黄枇《コウヒ》がこの順序で外篇巻一巻頭に収められている。図6は天明写本の「梯沽」、図７・８は天保刊本の同図版と解説である。内篇巻二・三・四の目録の植物名の一部にはラテン語学名、及びその片仮名読みの付箋がつけてある。植物図はすべて彩色である。

『質問本草』の意図

江戸後期の日本博物学の精華の一つである『質問本草』は、薩摩を中心として南西諸島に及ぶ地域に自生する植物百六十種を取り上げ、各植物について精密な図譜、中国人によって同定された漢名、和名、産地開花等の生態、効能を記す。この『質問本草』の編纂は、どのような必然性に迫られて行われたのか。それは、先に少しふれたように同定の問題に関連する。

中国の本草書が日本に輸入されて、まず問題になったのは、本草書に示された薬草は日本に自生するいずれの植物に当たるのか、ということである。こうした観点からの最初の検討が、十世紀に成立した『本草和名《ほんぞうわみょう》』（九一八年頃成立）である。それに対して、『質問本草』の編纂は、日本の植物は、中国の本草書のどの植物に当たるかという逆方向の問いかけである。こうした問いに解答を与えるには、中国人の本草学者に直接質問するのが最も有効であるが、海外渡航が禁じられ、貿易が厳格に制限された江戸時代日本でこれを行うことには大きな困難があった。そこで島津重豪は、琉球を通じて、この実現を図ったのである。

また、『質問本草』の編纂や、ひいては広く江戸後期における博物学の進展は、幕府が各藩に命じた物産調査が契機になったと言える。享保二十年（一七三五）、幕府は各藩に諸国産物調査を命じる。それに答えて薩摩藩が提出したのが、元文二年（一七三七）の『薩摩藩産物帳・絵図帳』である。島津重豪の時代になり、明和五年前後に、重豪の命により、薩摩から南西諸島全体にかけて、南北一千キロにわたる総合的生物調査が行われた。植物については標本が採取され、絵図が描かれた。これらの植物標本の一部が、江戸の医師、本草学者である田村藍水《たむららんすい》に下賜《かし》され、出来上がったのが『琉球産物志』十五巻附録一巻（明和七年、一七七〇）である。琉球とはいうが、奄美大島《あまみおおしま》を中心とし薩摩に及ぶ六百三十八種の植物を収める。その後、重豪は、安永八年（一七七九）鹿児島の北部吉野《よしの》に吉野薬園を開設し、翌年に薬園署を設置している。吉野薬園は、万治二年（一六五九）の山川《やまがわ》薬園、宝暦・明和年間（一七五一―七二）の佐多《さた》薬園につぐ、薩摩における三つめの薬園である。『質問本草』編纂の作業は、この吉野薬園を中心に行われたのである。

『質問本草』の編纂

天明写本の天明五年例言を中心にして、『質問本草』編纂に関する事項を整理すると、

（一）安永九年（一七八〇）、島津重豪の命で『質問本草』の編纂が始まった（上野益三『薩摩博物学史』（一九八二年、島津出版会）の推定による）、

（二）『質問本草』の編纂は薬園署の創建と密接な関係を有する、

（三）植物図、実物標本（根・実は別に包む）、植物の産地開花等の説明（名前は伏せる）の三種ワンセットを七、八十種一帖として、毎年一帖ずつ準備した、

（四）疑問があれば再三質問を繰り返し、また鉢植えの実物を示すこともあっ

た、

（五）琉球王に命じ、中国への歳貢船の乗組員に託し、中国に留学中の琉球人に調査に当たらせた、

（六）調査の対象は、福建、北京の医師、儒学者、本草学者である、

（七）著者呉継志は架空の人物である、

（八）調査は天明元年から五年までの五年間、質問帖は、辛丑《しんちゅう》帖、壬寅《じんいん》帖、癸《き》卯《ぼう》帖、甲辰《こうしん》帖、乙巳《いつし》帖の五冊が作成された、

（九）天明五年例言が書かれる時点では、癸卯の再調査と乙巳帖および鉢植えの実物による調査結果がまだ到着していなかった、

（十）名称の確定には多数決を採用した、

（十一）長崎に来た中国人、オランダ人、薩摩に漂着した中国人の説も参考にした、

となる。

『質問本草』の天明写本、天保刊本は、調査結果をまとめたものであり、具体的な調査内容をそこから知ることは難しい。ところが、具体的な調査作業を知ることができる資料が沖縄に残されていたのである。しかもそれは、戦後、いったんアメリカに渡り、再び沖縄に帰ってきた資料であった。

沖縄本『本草質問』

沖縄県立図書館に、『本草質問』と題する三冊の植物図譜が所蔵されている。この沖縄本『本草質問』は、戦前に沖縄県立図書館に所蔵されており、戦後何らかの事情でアメリカ人のスタンレー・ベネット氏の所有になり、昭和六十年（一九八五）に再び沖縄県立図書館に寄贈され戻ってきたものである。沖縄本『本草質問』は、第二冊は前半・後半に分かれるので、全体は四つの部分からなる。考証の結果、第一冊が天明二年（一七八二）の壬寅帖、第二冊後半が天明三年（一七八三）の癸卯帖、第二冊前半が天明四年（一七八四）の甲辰帖、第三冊が天明五年（一七八五）の乙巳帖に当たる、『質問本草』調査原本ないしはその写しと判明した。そこには、中国の本草学者達の生《なま》の回答が記されており、『質問本草』の編纂過程を知るための貴重な資料となるものである。図9は、『本草質問』第二冊前半・甲辰帖の第二十四図「オシロイバ

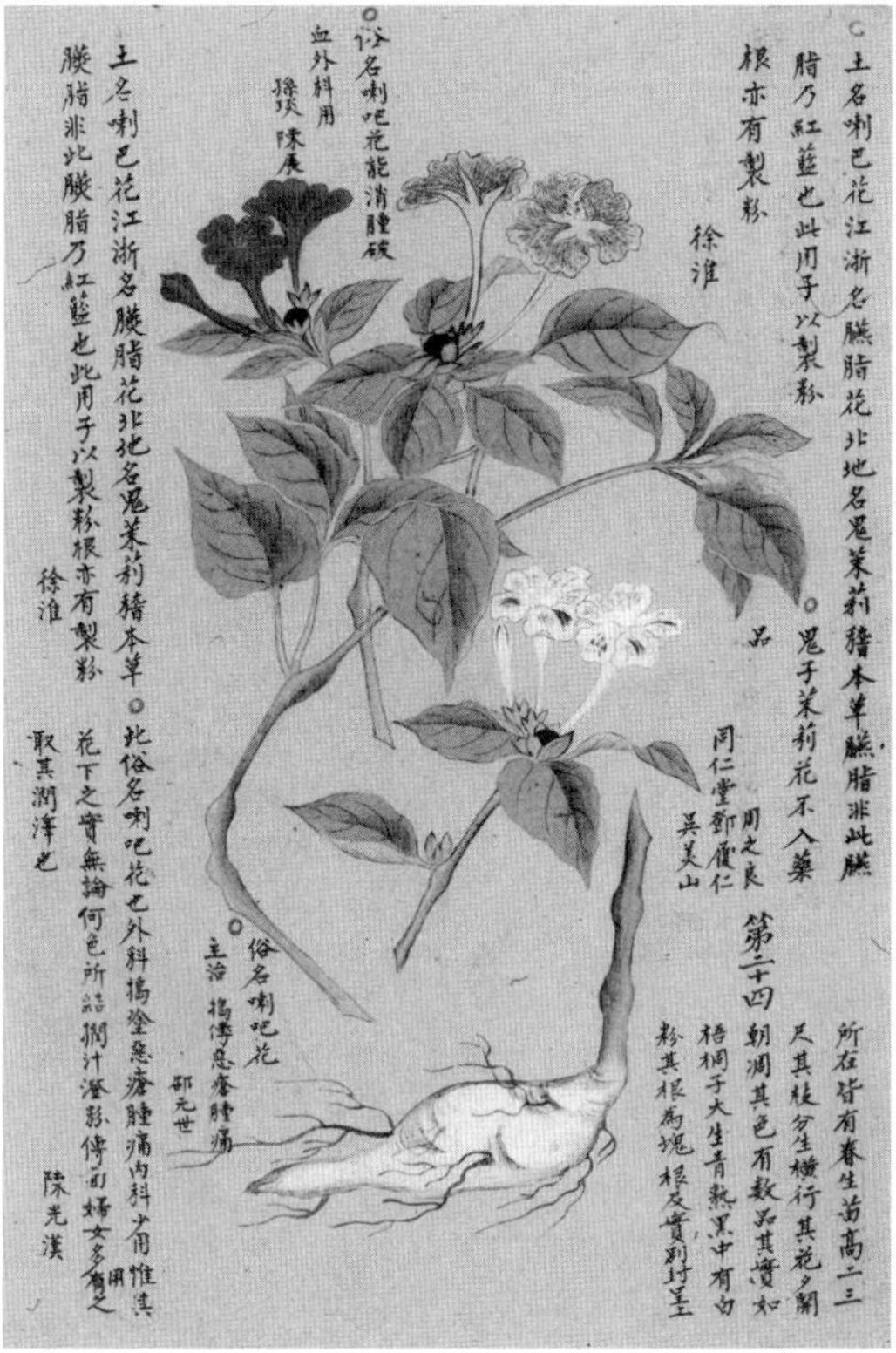

図9　『本草質問』「喇巴花（オシロイバナ）」

ナ」である。オシロイバナは、江戸中期に日本に入った南米原産の外来植物である。右中段に、北京・同仁堂の関係者三人の回答が記されている。中国での名称は「鬼子茉莉花」で、「不入薬品」（薬とはならない）と記されている。『質問本草』には採用されなかった。

島津重豪の命じた『質問本草』の編纂は、前述のとおり、海外渡航が禁止され、海外との貿易が制限された江戸時代にあって、博物学研究のフィールドを中国にまで広げるという、当時の常識を破るスケールの大きさをもつ事業であった。そのため、薩摩藩は、自らの実質的支配下にあり、かつ中国と朝貢貿易を行っていた琉球を利用し、調査を行ったわけである。植物図や標本の作成は薩摩で行われ、その後の調査はすべて琉球側に任されていたと考えられる。つまり実質的な調査は、すべて琉球人のネットワークに依存していたのである。形式的には琉球は独立王国であり、薩摩との関係は隠蔽されていた。このことから、『質問本草』にはさまざまな歪みが生ずる。琉球の呉継志という架空の編者の設定もその一つであった。

島津重豪の時代

薩摩藩主島津重豪（図10）は、薩摩、大隅《おおすみ》、日向《ひゅうが》の三国を領有し、琉球を間接支配する大大名であり、また、江戸という文化的先進地域にあって、将軍家の岳父▲となり、また、有力大名と姻戚関係を結び薩摩藩の社会的地位を高め、同時に本草学・医学・蘭学などさまざまな新しい文化を積極的に吸収し、各種博物学書を編纂し出版させた。彼は、江戸後期の薩摩の文化にとって最も重要な人物である。彼は宝暦五年（一七五五）十一歳で家督《かとく》をついだのち、天明七年（一七八七）隠居し家督を斉宣《なりのぶ》に譲るまで、三十二年間藩主の地位にあった。また、隠居後も天明七年から寛政三年（一七九一）、文化五年（一八〇八）から文政三年（一八二〇）まで藩政後見として実権を握り、藩に対して多大な影響力を有した。江戸後期、薩摩藩が文化的に一躍注目すべき存在になったのは何よりも島津重豪の功績である。彼の文化政策は、薩摩藩にとって一時代を画するものである。しかし、島津重豪の歴史的評価は難しい。彼の功績には正負の両面があり、たとえば、薩摩藩の財政破綻を招いたという負の側面

将軍家の岳父　島津重豪の三女、茂姫は一橋治済の息子豊千代と婚約したが、のちに豊千代が徳川家斉《いえなり》として将軍位を継いだので、茂姫は外様大名の出身ながら、徳川将軍の御台《みだい》所《どころ》となった。

図10　島津重豪肖像（黎明館寄託、個人蔵）

と学校の創建・文化事業の振興という正の側面は単純に切り離せないものがある。五百万両の借金という薩摩藩の財政逼迫を招いた遠因として、娘茂姫が将軍徳川家斉の御台所となり、重豪の子女が有力大名と姻戚関係を結んだことによる江戸藩邸交際費の増加があるが、こうした一流大名、武家貴族であるがゆえに要求された文化的充実は否定できない。以下、島津重豪の文化政策について見てみよう。

風俗の矯正

江戸時代大名の家臣団は、一般的には、十七世紀後半の地方知行《じかたちぎょう》から蔵米制《くらまいせい》への移行に伴い、大名から相対的に独立した武士としての性格を失っていく。即ち身分秩序に支配された官僚化の進展である。しかし薩摩藩にあっては、外城制《とじょうせい》という軍事的防衛体制を長く存続させたため、官僚化の進展は遅かった。重豪の時代になり、安永九年（一七八〇）外城衆中《とじょうしゅうじゅう》の名を郷士《ごうし》に改め、軍事的機能より行政的機能を重視するようになる。こうした行政的政策と平行して、重豪は薩摩藩に乏しい身分秩序意識の涵養を命じ、言語容貌、粗野な風俗の矯正を徹底させた。これは十八世紀後半になってようやく始まった、戦乱の世を背景にした中世的武士から平和な時代における近世的官僚、近世的支配秩序への転換政策である。

学校の創建

安永二年（一七七三）孔子を祀る聖堂《せいどう》（後の造士館《ぞうしかん》）が創建され、林大学頭《はやしだいがくのかみ》を顧問に儒学の教育が行われた。こうした儒学振興も身分秩序意識の涵養と関連するものである。同年武芸稽古場（後の演武館《えんぶかん》）、犬追物場《いぬおうものば》▲が創設されたが、後者に代表される中世以来の武芸や鉄砲伝来以前の甲州流兵学は、実践的兵法を唱える兵法家から激しい非難を浴びることとなり、重豪はこれら反対派を処分している。翌安永三年、医学院が創建され、安永八年には現代の天文台に当たる明時館《めいじかん》（天文館《てんもんかん》ともいう）がつくられ、吉野に薬園が設置された。明時館の設立は、薩摩暦《さつまごよみ》と呼ばれる独自の暦の製作と関連し、吉野薬園の設置は、博物学研究およびその成果としての『質問本草』『成形図説《せいけいずせつ》』の刊行に関連するものである。

書物の編纂・出版

さらに、重豪が編纂・出版に関係した書物は数多い。中国語学から、歴史学、植物学、蘭学に至るまで、非常に広い分野に興味を抱いた藩主であった。中国語辞書の『南山俗語考《なんざんぞくごこう》』は、明和四年（一七六七）に編纂に着手、曾槃《そうはん》、石塚崔高《いしづかさいこう》の協力のもと完成し、文化九年（一八一二）に刊行された。藩の正史である『島津国史《しまづこくし》』は、明和六年に編纂を命じ完成した『島津世家《しまづせいか》』を改編したもので、山《やま》

犬追物　鎌倉時代に始まる弓術武芸。馬場に多数の犬を放し、射手が馬上から鏑矢《かぶらや》で犬を射る。射た数で勝敗を決する。

本正誼《もとせいぎ》によって享和二年（一八〇二）に完成した。薩摩藩内の神代三陵《じんだいさんりょう》の調査報告書『神代三陵取調書《とりしらべしょ》』は、文化十一年に白尾国柱《しらおくにはしら》▲に命じて報告させたものである。

農業百科事典『成形図説』は、曾槃、白尾国柱、向井友章《むかいともあき》らに命じ、安永二年（一七七三）に着手、十部一百巻のうち、三十巻が文化三年以後まもなく刊行された。薩摩から琉球にかけての薬効植物図譜『質問本草』は、安永九年に着手、天保八年（一八三七）に曾孫の島津斉彬によって刊行される。鳥名辞典『鳥名便覧《ちょうめいべんらん》』は、文政十三年（一八三〇）曾槃に命じて編纂・刊行させたものである。この時、重豪は八十六歳であった。

あるまじきこと

重豪はシーボルトにも会っている。シーボルト（一七九六―一八六六）は、ドイツの医学者で、江戸時代日本を訪れ、医学を中心とした最新のヨーロッパ自然科学を伝え、多くの人材を養成した人物で、江戸後期の日本にきわめて大きな学術的影響を与えた。彼は文政六年（一八二三）八月に長崎に到着し、当時、海外持ち出しが禁じられていた日本地図（伊能忠敬《いのうただたか》図）が所持品中に見つかるというシーボルト事件により、文政十二年十二月に日本を離れた。以下、島津重豪との出

白尾国柱　一七六二―一八二一年。薩摩藩士。国学者。江戸で塙保己一《はなわほきいち》、村田春海《むらたはるみ》にまなぶ。著に『神代山陵考《じんだいさんりょうこう》』『倭文麻環《しずのおだまき》』『麑藩名勝考《げいはんめいしょうこう》』がある。

『江戸参府紀行』　シーボルトが文政九年（一八二六）に長崎から江戸へ向かった旅について記した書物。斎藤信訳（平凡社東洋文庫、一九六七年）がある。

会いをシーボルト『江戸参府紀行』▲にもとづいて見てみよう。

文政九年二月、長崎に滞在していたシーボルトは、オランダ商館長スツルレルに同行して、長崎出島《でじま》を出発し江戸へと向かった。三月四日、大森村《おおもりむら》（現・東京都大田区）の休憩地の宿屋で、「薩摩と中津の両侯」（島津重豪と奥平昌高《おくだいらまさたか》）および「薩摩の若君」（島津斉彬）に面会する。島津重豪はこの時、八十二歳、文政三年に藩政後見を退いていたが、文政十年には調所広郷《ずしょひろさと》に薩摩藩の財政改革を命ずるなど、実質的な最高権力者であった。シーボルトによれば、「薩摩侯は八十四歳の老人でおられたが、たいへんに話がお好きで、耳も目も全く衰えをみせず強壮な体格をしておられたので、せいぜい六十五歳にしかみえない」とされる。島津斉彬は、島津重豪のひ孫で、嘉永四年（一八五一）藩主に就任後は、西洋の学術、技術の積極的導入を行い、藩政改革、富国強兵に努めた開明藩主として知られる。対談中、島津重豪はオランダ語を交えたとシーボルトは記しており、簡単な会話のできるレベルであったらしく、ローマ字で自分の名前を記したものも残されている。その後、シーボルトに直接呼びかけ、「自分は動物や天産物の大の愛好者で、四足の獣や鳥を剥製にしたり、昆虫を保存する方法を習いたい」との所望があったこと等が記されている。三月六日には、「朝、島津侯から織物・生きている鳥・植物などたくさんの贈物を受け」、九日には薩摩侯の正式の訪問を受けている。この時、重豪は、シーボルトに自身を自然科学、医学の門人に加えることを求め、日本の病気について簡単な治療法を編纂するよう求めている。また、シーボルトは、その場で鳥の剥製技術を伝授している。シーボルトの一ヶ月余の江戸滞在中三回も直接面会し会話を交わしているが、シーボルトとの面会の記録は薩摩側の記録にはいっさいない。山崎美成《やまざきよししげ》著、鍋島直孝《なべしまなおたか》補『夜談録《やだんろく》』には、この面会を「あるまじき事」と記している。将軍家の岳父にあたる地位のきわめて高い大名が西洋人に直接会うなどということはありえないことであったのである。

蘭癖大名

島津重豪は、オランダの文化、文物を好んだことで蘭癖大名と呼ばれることがある。しかし、現実には、長崎を通じて流入する中国文化も含めた異国の文化全体に対してきわめて高い関心を有した大名と言える。語学についても、オランダ語の他、中国語では、石塚崔高、曾槃の協力を得て、中国語辞書の『南山俗語考』（図11）、中国語会話例文集『長短雑話《ちょうたんざつわ》』（図12）を編纂している。

薩摩藩は長崎に蔵屋《くらや》敷《しき》を有し、さまざまなオランダ文物を購入していたことが判明している。幼少のころより、それらに接する機会は多かったと考えられるが、特に重要なのは、明和八年（一七七一）二十七歳の時、江戸から薩摩への帰国の

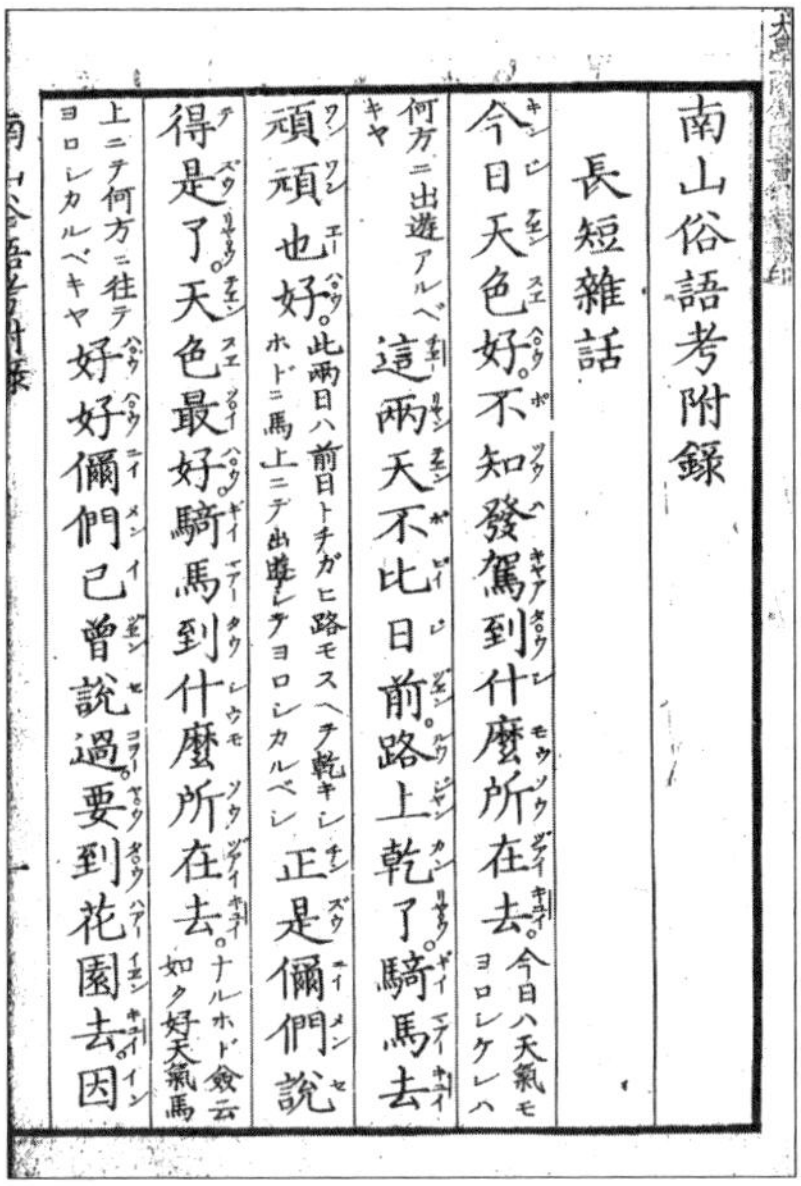

南山俗語考附録

長短雑話

今日天色好。不知發駕到什麼所在去 今日ハ天氣モヨロシケレハ何方ニ出遊アルベキヤ

這兩天不比日前。路上乾了。騎馬去頑頑也好。此兩日ハ前日トチガヒ路モスヘテ乾キシレハ馬上ニテ出遊シテヨロシカルベシ

正是倆們說得是了。天色最好騎馬到什麼所在去。ナルホド僉云如ク好天氣ニテ馬上ニテ何方ニ往テヨロシカルベキヤ

好好倆們已曾說過。要到花園去因

図12　『長短雑話』巻頭

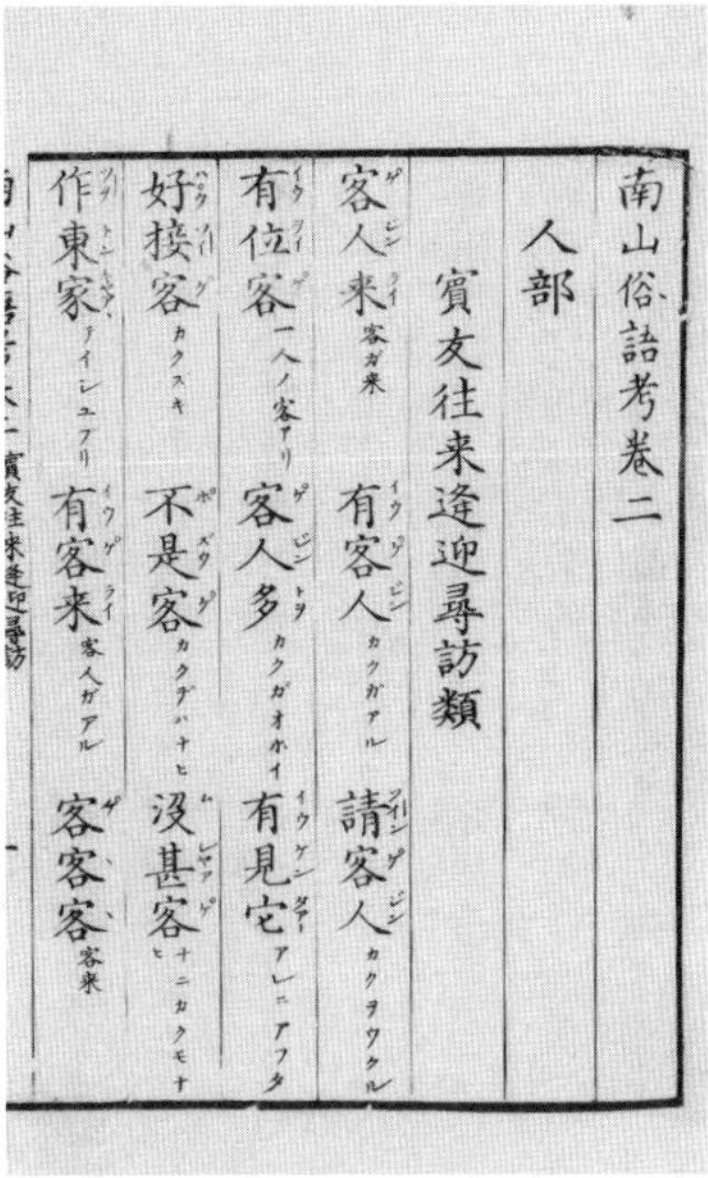

南山俗語考巻二

人部

賓友往来逢迎尋訪類

客人来 有客人 請客人

有位客 客人多 有見它

好接客 不是客 没甚客

作東家 有客来 客客客

図11　『南山俗語考』巻二巻頭

途中、長崎に立ち寄ったことである。長崎では中国系寺院、唐人屋敷、唐通詞《とうつうじ》家訪問の他、オランダ通詞を訪ね、オランダ商館を訪問し、オランダ商館長アルメノールト、後任のフェイトとオランダ料理の昼食を共にし、さらには停泊中のオランダ商船ブルグ号に乗船、視察を行っている。こうした異国文化に接する実体験は、重豪の中国及びオランダ文物、学術への興味をいっそうかき立てたものと考えられる。その後も、歴代のオランダ商館長との交際は続き、蘭和辞書『ドゥーフ・ハルマ』の著で有名なドゥーフ（一七九九—一八一七滞日）には、その清書用に大奉書紙《ほうしょし》を贈ったという。

聚珍宝庫

オランダ文化に関しては、歴代のオランダ商館長との交流があり、物品の贈答を通じて、さまざまなオランダ渡りの西洋文物が重豪のもとには集められていた。シーボルトと会見した年の十月には、住まいする高輪《たかなわ》藩邸の園内に「聚珍宝庫《しゅうちんほうこ》」という土蔵を建て、収集した文物を収めている。

現存する「聚珍宝庫碑」には、世界の真実を究《きわ》め知ろうとして（真を識《し》らんと欲し）、日本各地や海外の珍しい物産を収集し、草木を栽培し、鳥や動物を飼育し、書物に書き記し記憶に留めようとした（『成形図説』編纂を指す）が、それは儒教の学問の余技であり、静かな生活の楽しみである（詩書の余興にして静中の一楽）、と記されている。また、「年月を重ねるうちに、屋敷の中に、珍品や宝石、古代の印章や瓦、さまざまなからくりに陶磁器、珍奇な物産が満ちてきた。……長年の心を込めての収集は、将来その散逸を残念に思う人がいるかもしれない。そこで、今年文政十年（一八二七）九月、宝物庫を荏原郡《えばらぐん》のわたくしの別荘に建て、収集品のうち特に優れたものを選び、棚に並べたり箱に収めたりした」と述べる。現代の博物館に通じるものである。

農業百科事典『成形図説』

『成形図説』は、薩摩博物学を代表する著作である。薩摩の博物学について語る際に、もう一人欠かせない存在である曾槃がそれに関わることになった。曾槃『仰望節録《ぎょうぼうせつろく》』「成形実録改撰《せいけいじつろくかいせん》」によれば、明和安永年間に『成形実録』編纂が開始され、寛政五年（一七九三）改めて博物学者の曾槃と国学者の白尾国柱に改正の

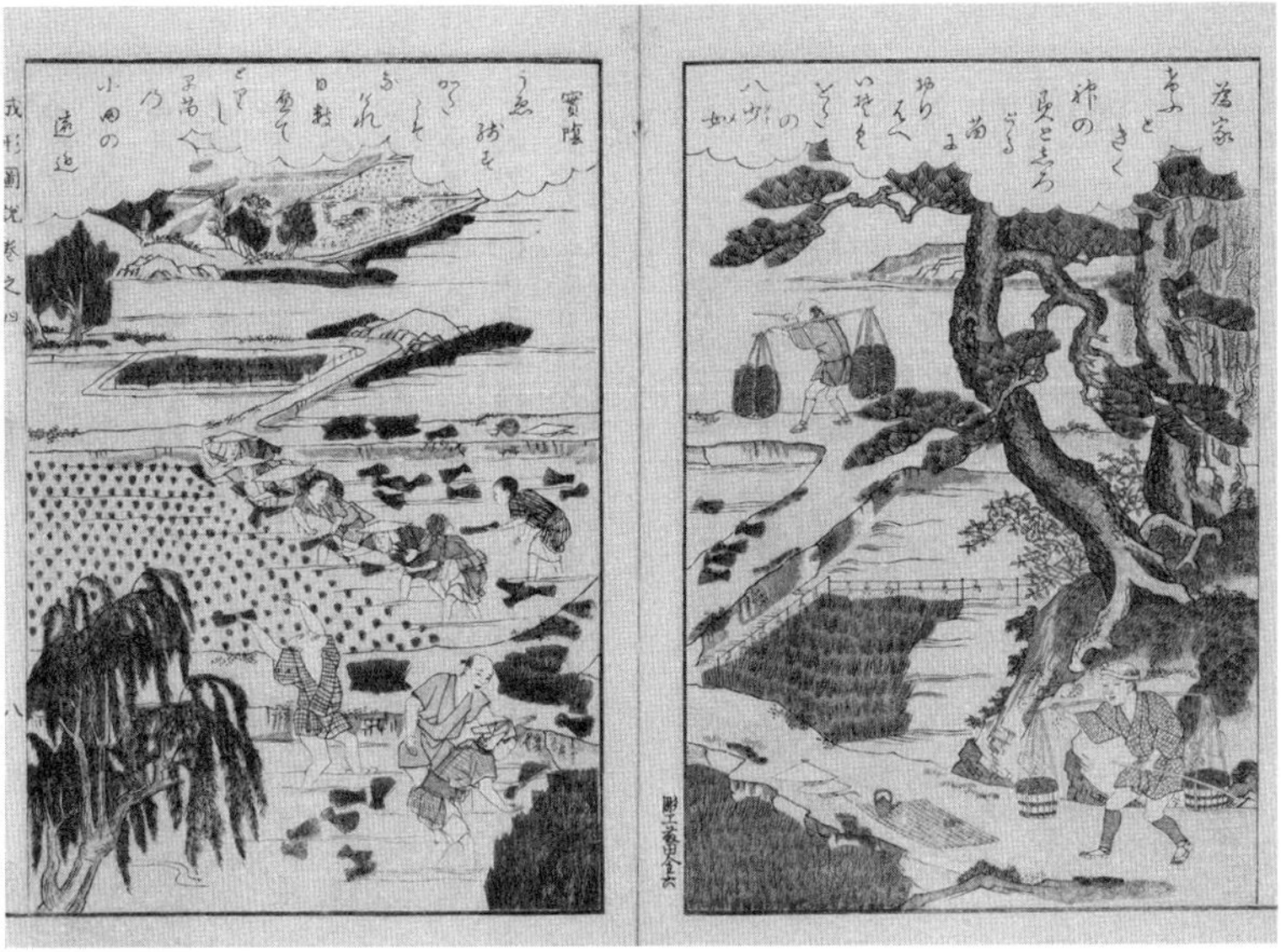

図13　『成形図説』巻四・農事部「早苗」

命令が下った。当初の計画では、全体を農事、五穀、菜蔬《さいそ》、薬草、樹竹、虫豸《ちゅうち》、魚介《ぎょかい》、禽獣《きんじゅう》に分かち、十部百巻の構成で、新しく名前を『成形図説』とすることとしていた。島津重豪の考えていたこの書の目的は、印刷・刊行して薩摩藩内に広く頒布し、産物に対する理解を深めて農業を振興し、医薬品の効能を知り、民生にとって必要なものは何かを上に立つ者に弁《わきま》えさせることであった。ところが、二十巻分の版木が完成したところで、文化三年（一八〇六）三月四日の火災で、芝《しば》の薩摩藩邸が延焼し、その後、三十巻まで版木は完成するが事業は中断する。編集局はたたまれ、関係者は江戸から国元へ帰国を命じられた。ひとり曾槃が残って後編の編集に当たったが、文政十二年（一八二九）の火災で、準備した巻三十一から四十の版木十巻とその原稿が焼失してしまった。その後も、曾槃が再度編集に当たり、計画を継続するようにとの命が下ったが、彼は七十三歳という年齢もあり、慨嘆している。

さらに、静嘉《せいか》堂《どう》文庫に所蔵されている『成形図説』（写本）の第三十一巻序「成形図説編次の因」（天保二年（一八三一）、曾槃記）には、「文化丙寅《へいいん》のとしまでに凡《およそ》三十巻をえらびて以往竹芝《たけしば》の西亭に編輯局をもうけ、木に付したり」とあることから、最終的に刊行されたのは三十巻分であった。

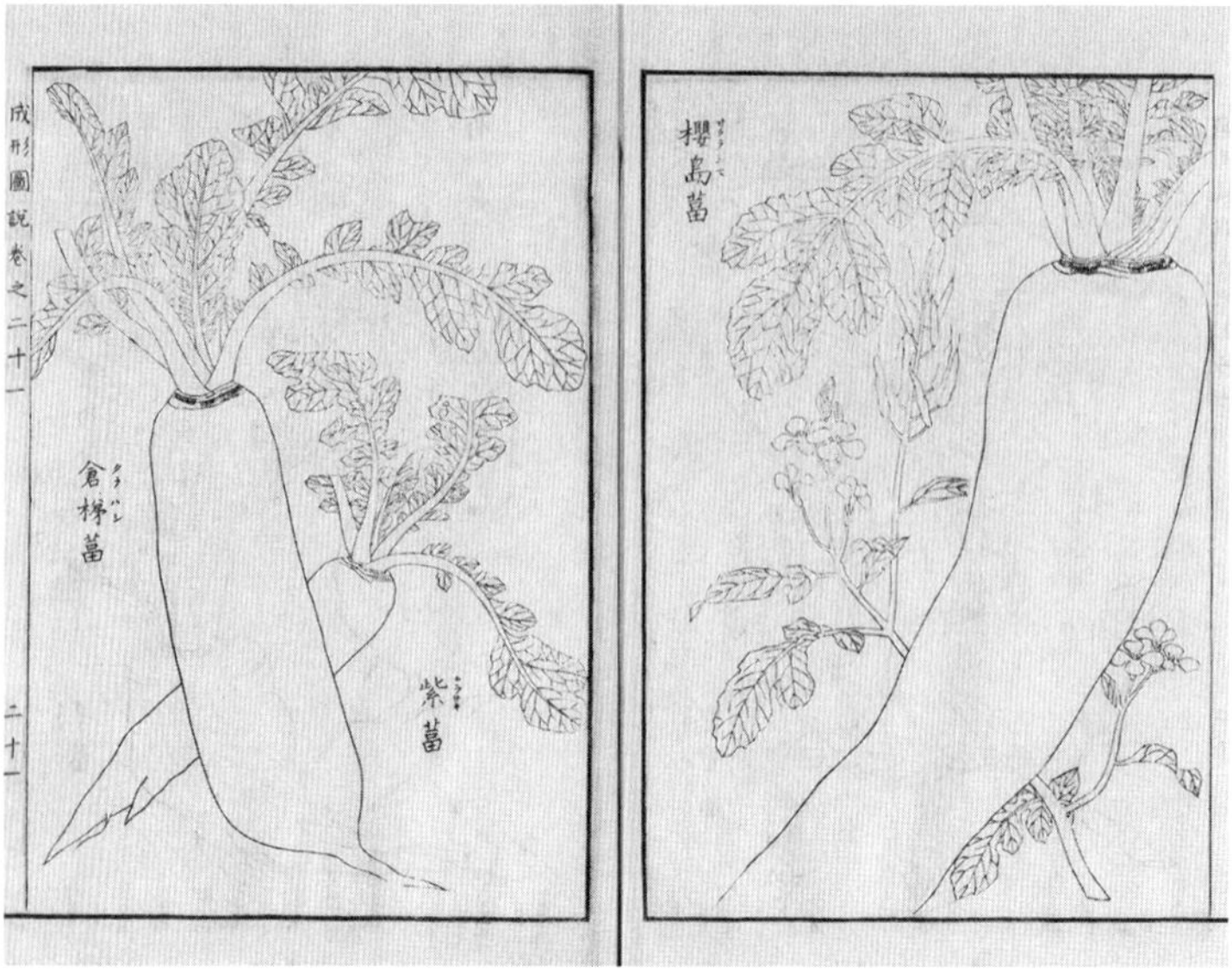

図14　『成形図説』巻二十一・菜部「蔔」

既刊部分の内容は、農事部（巻一から十四）、五穀部（巻十五から二十）、菜蔬部（巻二十一から三十）である。一般の刊本は墨刷であるが、一部の特装本には農事部のみ図版が多色刷りであり、きわめて美しい書物である。図13は『成形図説』巻四・農事部「早苗《さなえ》」の多色刷り図である。図14は、『成形図説』巻二十一・菜部「蔔《オホネ》」の図であるが、現在の桜島《さくらじま》大根とはずいぶんイメージが違う。図15は、『成形図説』巻二十二・菜部「芋《いも》」の図である。

静嘉堂文庫には『成形図説』の未刊部分の写本が所蔵されている。表題は巻三十一から巻四十五となっているが、本来の形を伝えるものではなく、部分的に残存する原稿に便宜的に巻数を割り振ったものと推定される。菌《きん》部一巻、薬草部七巻、草部三巻、木部三巻、果部一巻が錯雑して編集されている。この他、東京国立博物館にも未刊部分の彩

図15　『成形図説』巻二十二・菜部「芋」

色写本が所蔵されている。鳥部にあたる美しい彩色図譜で、『成形図説』鳥ノ部と呼ばれる。本書では、鳥類について述べた第三章で詳述する。

博物学者曾槃

曾槃《そうはん》（一七五八―一八三四）は、島津重豪に仕えた薩摩を代表する本草学者であるが、薩摩の出身ではない。庄内藩江戸屋敷の侍医曾昌啓《そうしょうけい》の子で、先祖は福建の出身である。代々長崎に居住し、医者を生業にしていた。姓は曾、名は槃、字は士攷《しこう》、号は占春《せんしゅん》である。江戸に生まれ庄内藩に仕官したが、三年で致仕し、多紀藍渓《たきらんけい》▲に医学を、田村藍水に本草学を学んだ。寛政四年（一七九二）に薩摩藩に侍医として仕官し、藩主島津重豪の信任が厚かった。著作は非常に多く、日本古典籍総合目録データベース（国文学研究資料館）にのるものは九十一を数える。代表的著作は、島津重豪の命を受けて編纂を担当した農業百科事典『成形図説』であるが、彼は生物学者として現実の生物に向かうよりも、むしろ考証学者として、和漢西洋の書物の中の記述を精密に整

多紀藍渓　一七三二―一八〇一年。幕府の奥医師で、徳川家斉の侍医。彼の父が創設した私塾躋寿館《せいじゅかん》を再建拡大し、寛政三年には幕府の医学館となった。

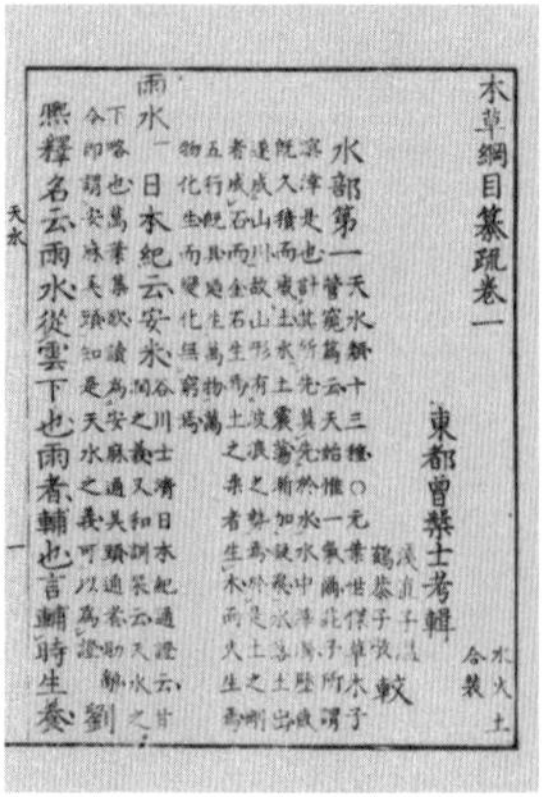

図17　『本草綱目纂疏』巻一巻頭

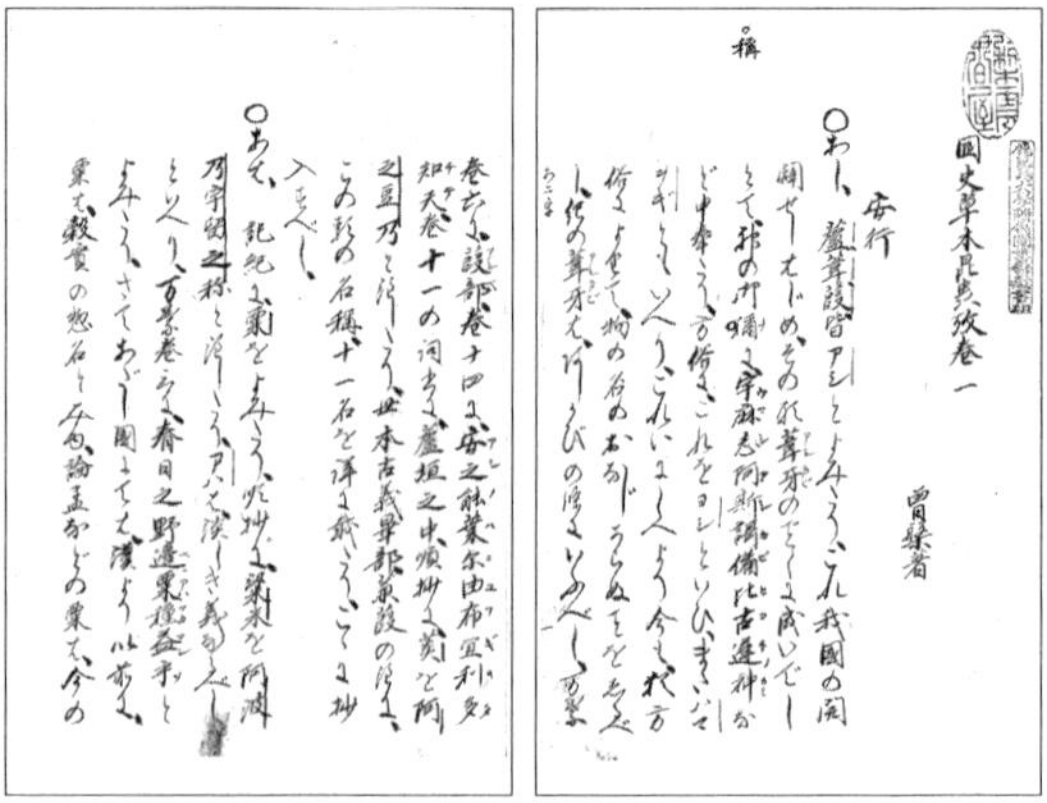

図16　『国史艸木昆虫攷』巻一巻頭

理する方向に秀でていた。例えば『国史《こくし》艸木昆虫攷《そうもくこんちゅうこう》』十巻（図16）は、古事記、日本書紀、万葉集から、延喜《えんぎ》式《しき》、和名抄《わみょうしょう》、伊勢物語、源氏物語等まで、日本の古典籍に記された動植物の名称を抽出し、五十音順で排列して考証を加えたものである。『成形図説』編纂の基礎作業にあたるもので、曾槃の学術的方法論がよく表れている。『本草綱目纂《ほんぞうこうもくさん》疏《そ》』二十巻（図17）はそうした曾槃の方法論を、明・李時珍『本草綱目』を対象として展開したものである。蘭学に関しては、『西洋草木《せいようそうもく》韻箋《いんせん》』二巻（図18）、『西洋名物韻箋《せいようめいぶついんせん》』二巻（図19）がある。前者は、植物学名対照辞典で、上巻はラテン名・オランダ名に和漢名を、下巻は和漢名にラテン名・オランダ名を対照させ、五十音順で記載したものである。後者は、同じ方法による金石・動物の学名対照辞典である。このほか、曾槃には、春の七草に考証を加え、図版を付した『春《はる》の七《なな》くさ』一巻（寛政十二年刊。図20）もある。この人物が重豪の時代の薩摩の博物学を支えたアクターの一人である。

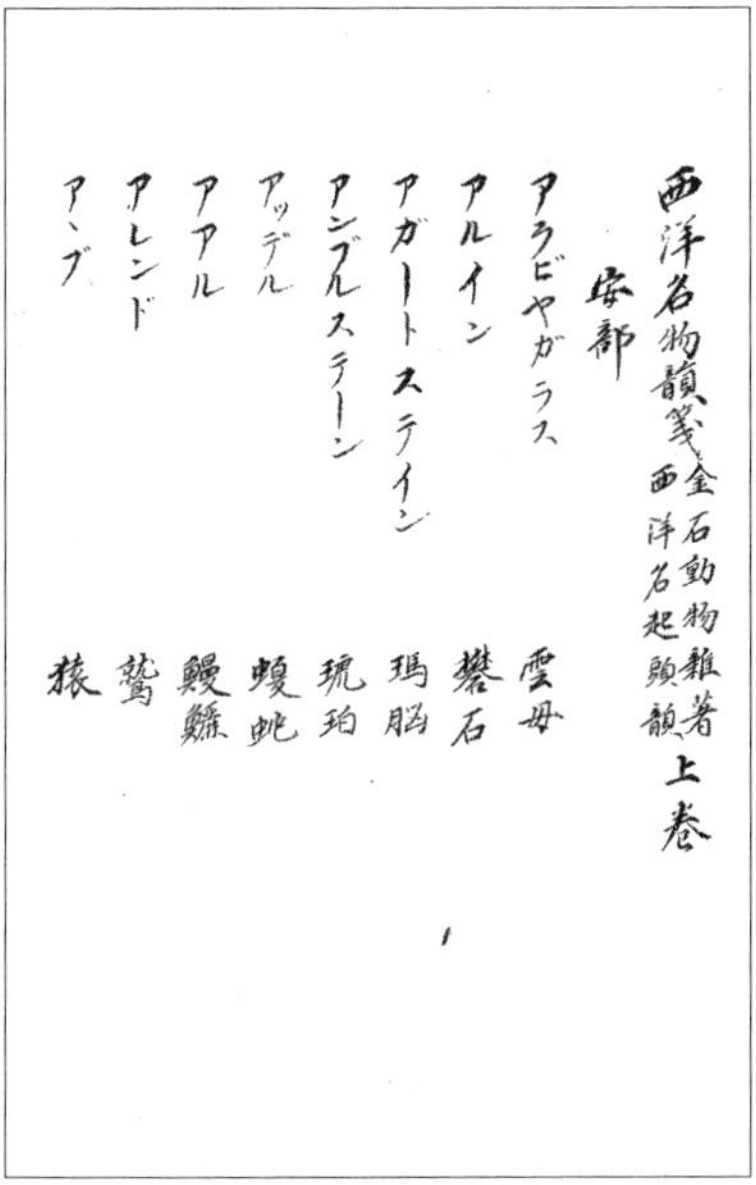

西洋名物韻箋金石動物雑著 上巻
西洋名起頭韻
安部
アラビヤガラス　雲母
アルイン　礬石
アガートステイン　瑪瑙
アンブルステーン　琥珀
アッデル　蝮蛇
アアル　鰻鱺
アレンド　鶩
アーブ　猿

図19　『西洋名物韻箋』巻頭

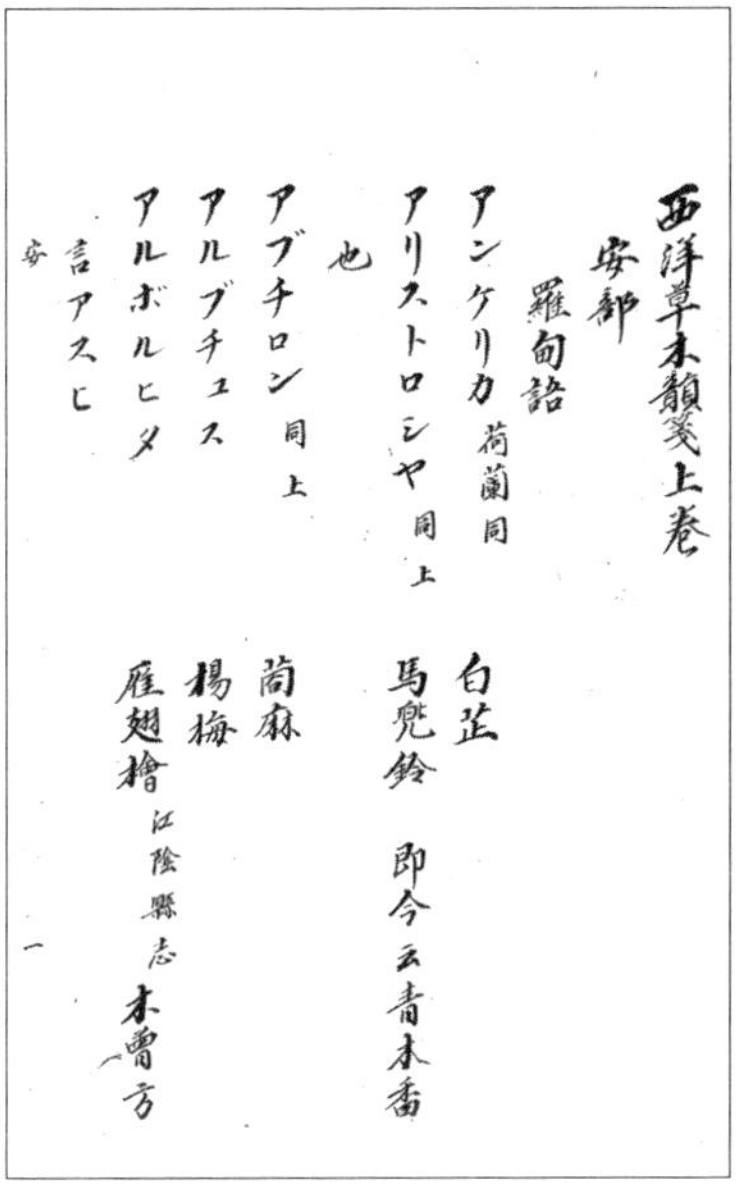

西洋草木韻箋上巻
安部
羅甸語
アンゲリカ 荷蘭同　白芷
アリストロシヤ 同上　馬兜鈴 即今云青木香
也
アブチロン 同上　苘麻
アルブチュス　楊梅
アルボルヒメ　雁翅檜 江陰縣志
言アスヒ　木曾方
安　一

図18　『西洋草木韻箋』巻頭

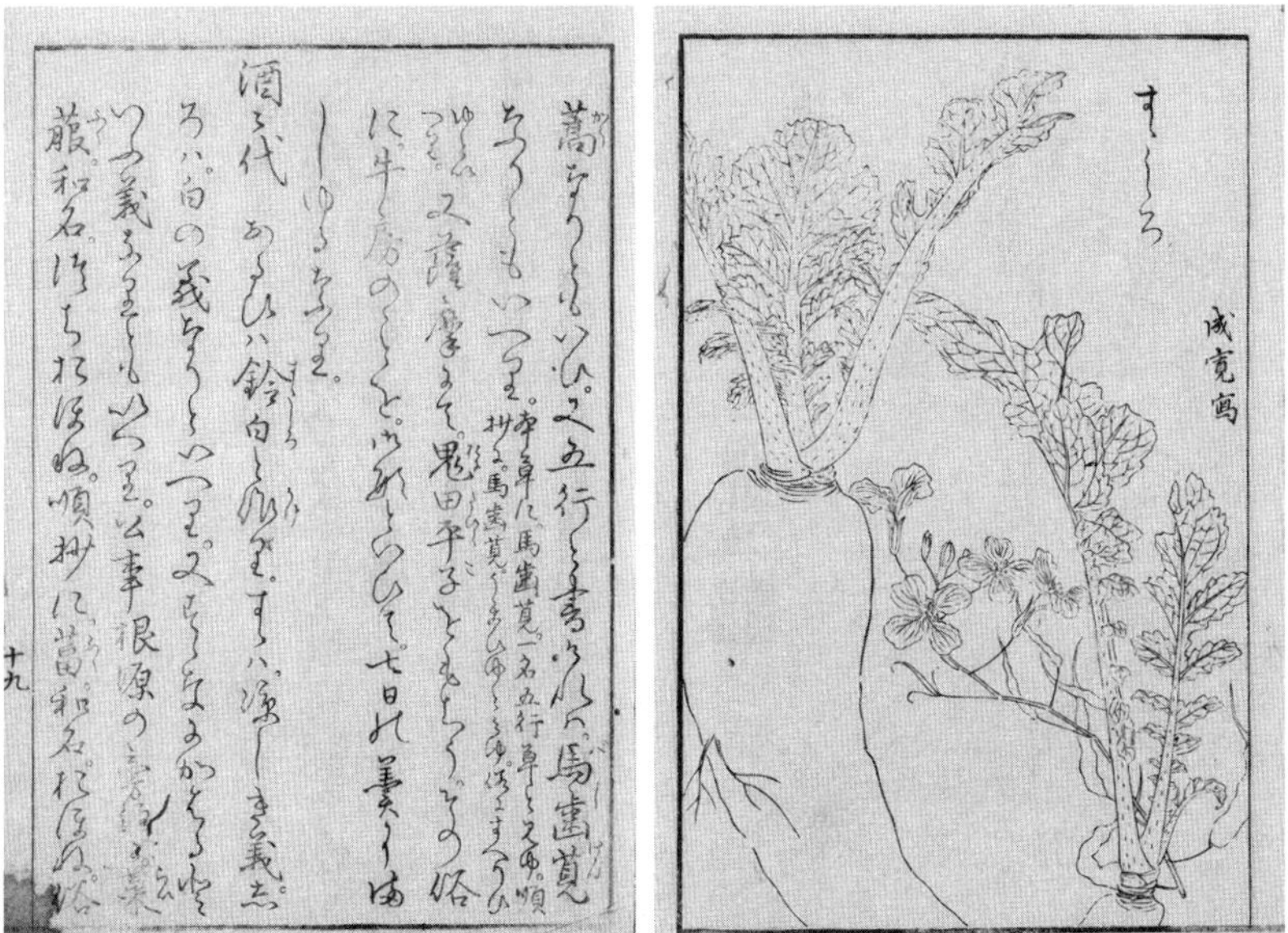

図20　『春の七くさ』「すずしろ」

二▼琉球への視線

南西諸島の生物相

前述の『質問本草』は薩摩藩本土部から南西諸島にかけての本草学《ほんぞうがく》であるが、そもそも南西諸島の生物相は、いつ、誰によって、どのように認識され記述されはじめたのか。

康熙六十年（一七二一）、琉球情報についての十八世紀における最も重要な著作が北京で出版された。清《しん》・徐葆光《じょほこう》『中山伝信録《ちゅうざんでんしんろく》』六巻である。『中山伝信録』は、康熙五十八年（一七一九）琉球尚敬王《しょうけいおう》の冊封副使《さくほうふくし》として琉球に渡り、八ヶ月間琉球に滞在した徐葆光の著作である。この著作は、総合的に琉球を取り扱った最初の書物であり、南西諸島の生物相を含む貴重な琉球情報を中国にもたらした。

『中山伝信録』は、日本に輸入され、明和三年（一七六六）には京都で和刻本が出版される。本書の直接の影響下に、江戸の本草学者田村藍水《たむららんすい》による『中山伝信録物産考《ぶつさんこう》』三巻（明和六年序）が編纂される。『中山伝信録』の琉球物産情報に江戸の本草学がすぐさま反応したのである。『中山伝信録』の琉球生物相の記述は、物産としての名称の羅列に過ぎない。『中山伝信録物産考』は、それに絵図を施し、考証を加えた。こうした絵図の入手経路は不明であるが、当時の江戸にあって琉球物産情報の収集が精力的に行われたに違いない。

やがて、この功績が認められ、田村藍水に、琉球を実質上支配する薩摩藩から、薩摩から琉球までの南北一千キロの生物調査の報告がもたらされる。これら実物標本を実見した田村が著した著作が『琉球産物志《りゅうきゅうさんぶつし》』十五巻である。

一方、琉球自身による琉球生物相の記述は存在するのか。それは確かに存在するが、非常に特異な形態をとった。琉球・渡嘉敷通寛《とかしきつうかん》『御膳本草《ごぜんほんぞう》』一巻（道光三年（一八二三）王府へ献上）である。本草学は中国漢代に始まる東アジアの薬学である。薬になることを基準に世界のあらゆるものが記述対象となっている。『御膳本草』では、料理の素材になるという観点から、三百三品の琉球物産について本草学的記述がなされた。南西諸島生物相の記述は、異なる意図を含んだ異なる視線の交錯の中で進展していったのである。

南西諸島の歴史

ところで、ことあらためていえば南西諸島とは日本の九州から、台湾にかけて道のように連なった島々のことである。現在、その北部である薩南《さつなん》諸島は鹿児島県に所属し、南部の琉球諸島は沖縄県に所属する。南西諸島では、十二世紀頃に按司《あじ》と呼ばれる地方豪族が各地に出現し、その後、琉球諸島の中心である沖縄本島に三山《さんざん》（山南《さんなん》、中山《ちゅうざん》、山北《さんほく》）と呼ばれる大きな権力が鼎立《ていりつ》する時代となった。中国で明《みん》王朝が成立すると、洪武帝《こうぶてい》は一三七二年、中山に招諭使《しょうゆし》の楊載《ようさい》を派遣し朝▲貢を促した。中山王察度《さつと》は、明に使節を使わし、中山は明の朝貢国となる。一三八〇年には山南王承《しょう》察度が明に入貢し、一三八三年には山北王怕尼芝《はにじ》が明に入貢し、三山は明の朝貢体制の一部となる。やがて、一四二九年に中山王尚巴志《しょうはし》によって、三山は統一され、琉球本島に統一政権が成立する。その後、琉球は明との朝貢体制と明の海禁《かいきん》政策を背景に、東アジアの中継貿易国として、中国、日本、東南アジア諸国と盛んな貿易を行った。同時に、この時期、琉球は、南の宮古《みやこ》列島、八重山《やえやま》列島、北の奄美《あまみ》群島を支配下に加え、南西諸島のほとんどを支配する島嶼《とうしょ》国家となる。十六世紀に入り、東アジアは日本と新大陸から流入する銀によって空前の民間貿易ブームを迎える。こうしたなか、朝貢と海禁を一体化させた明の海域支配体制が崩壊しはじめ、倭寇《わこう》と呼ばれる国際的武装貿易集団の出現もあり、琉球の中継貿易はその優位性を失っていく。

　一方、日本では十七世紀初め、徳川幕府によって統一政権が生まれる。徳川幕府は、豊臣政権による朝鮮出兵の戦後処理、日明《にちみん》貿易の実現を求め、琉球に明と

朝貢　明と貿易しようとする国は、明の属国となり、使者を派遣して貢《みつぎ》ものを差し出す制度。

の仲介を求めた。ところが、琉球の対応は不十分なものであったため、一六〇九年、幕府の許可を得た薩摩の島津氏が琉球に侵攻する。幕府から琉球統治を委任された薩摩藩は、奄美群島を割譲させ薩摩藩領とし、琉球に毎年の貢納を義務づけた。また、幕府は幕藩体制の諸規則を琉球に課し、江戸への使節派遣も行わせ、主従関係を実体化した。しかし、幕府、薩摩藩の琉球支配は、琉球が中国との冊封、朝貢関係を継続することを前提としており、薩摩から琉球に派遣された武士団等もきわめて少数で、琉球の政治、外交は琉球王府が自主的に行うものであった。薩摩の琉球侵攻以降を近世琉球と呼び、古琉球と区別するのが一般的である。

一六四四年、中国では明が滅亡し、清朝に王朝が交替する。明朝滅亡直後、琉球は南京の福王《ふくおう》政権、福州の唐王《とうおう》政権に使節を派遣する。しかし、一六四九年清朝が琉球に使者を送り帰順を求めたのに対し、琉球は、一六五三年薩摩藩の許可のもと清朝に慶賀使《けいがし》を送り、清に帰順する。これ以降、清朝との衝突を回避する幕府の意向を受けて、琉球は薩摩藩による支配の実態を隠蔽することになる。琉球はこの後、日本、中国との安定した外交関係を背景に、王府の中央集権化、身分制の確立、農業の振興、儒教の導入を図り、独自の琉球社会、文化を形成していく。

十九世紀にはいると、アジア諸国は欧米列強の植民地化の対象となり、琉球にも欧米の船舶がやって来るようになる。一方、日本では幕府体制が崩壊し、一八六八年に明治政府が成立する。一八七一年（明治四）廃藩置県により、薩南諸島は鹿児島県となる。その後、明治政府は伝統的国際秩序において日本と清朝との両属関係にあった琉球を、日本に帰属させる決定を行う。琉球は伝統的秩序維持を主張するが、明治政府はそれを押し切り、一八七九年（明治十二）琉球は沖縄県として日本に所属することになる。近世琉球の終焉である。

冊封使の琉球情報

中国王朝は、朝貢国の国王に爵号《しやくごう》を付与するために使節・冊封使《さくほうし》を派遣した。明朝では十四回、清朝では八回、琉球に冊封使が派遣された。これら冊封使たちが帰国後、朝廷に提出した報告書ないしはその増補版を刊行したものが使琉《しりゆう》球録《きゆうろく》と言われる著作群である。これらは、中国王朝にとって貴重な琉球情報の集積であり、中国王朝が琉球の何に興味を抱いて、情報を収集したのかを示すものとなっている。こうした使琉球録は、明朝で五種類、清朝で七種類編纂されている。

これら使琉球録の中で、まとまった琉球の生物相の叙述が現れるのは、清朝になって二番目の使琉球録である清・汪楫《おうしゆう》『使琉球雑録《ざつろく》』が最初である。一六八三年（清・康熙二十二）、汪楫が翰林院検討《かんりんいんけんとう》にあった時、琉球の冊封正使《せいし》に任命され、琉球に遣わされた。『使琉球雑録』は、その時の記録である。『使琉球雑録』五巻は、巻一・使事、巻二・疆域《きょういき》、巻三・俗尚、巻四・物産、巻五・神異に分かれ、細かい項目立てをして琉球を総合的に述べた初めての著作となっている。のちに、徐葆光《じょほこう》によって「物産なども亦《また》ともに未だ備わらず」とされるが、初めて「物産」の項目を立て、琉球の物産について系統的に叙述した功績は大きい。巻四・物産においては、米、番薯《ばんしょ》（サツマイモ）、芭蕉、甘蔗、西瓜、冬瓜、紅菜、海帯菜、鳳尾蕉、鬪鏤樹、黄楊、烏木、扶桑花、海松、馬、海螺、龍蝦、海蟳、海錯、海［虫旦］、小魚、佳蘇魚、海蛇、壁間虫、火酒、吐噶喇酒、石芝など二十数種の物産についての記述があり、特に番薯と芭蕉についての記載は詳細である。

『使琉球雑録』巻四・物産では、汪楫の持つ関心から琉球の物産が論じられているが、その最初の指摘が、琉球の稲田《いなだ》の少なさ、米の常食は国王、有力氏族に限られ、小民は番薯を常食しているという事実で、琉球王国における階層差が歴然と食事内容に現れている例であることは注目される。以下、続く番薯についての記述を現代語訳して紹介しておこう。

稲田は特に少ない。米はただ琉球王及び有力氏族だけが常食でき、小民は皆、番薯《ばんしょ》［サツマイモ］を食べている。番薯はまた朱薯《しゅしょ》ともいう。茎と葉はつる状に繁茂し、痩せた土地、砂地でも成長する。植えるとどんどん大きくなり、雨が降ると根がますます太くなる。たとえ日照りであっても、一寸ほどに成長する。ヤマイモのようであり、加熱して食べることもでき、生で食べることもできる。加熱するとサトイモのようであり、オヤイモのようである。生で食べると、ダイコンのようであったり、何首烏［カシュウ、ツルドクダミの根が肥大化したもの］のようであったり、味は異なる。今、福建で多く栽培している。伝承では、万暦年間［一五七三―一六二〇］、ルソン国で商売する福建人がいた。彼はサツマイモを食べて美味《うま》いと感じ、種をもらおうとしたが、ルソンの人は惜しんで与えなかった。そのため、密かにサツマイモのつるを一尺ばかり切り取り、鉢の中に隠して持ち帰った。最初、漳郡《しょうぐん》で栽培したが、次第に泉州《せんしゅう》、莆田《ほでん》に及び、今は、長楽《ちょうらく》、福清《ふくせい》でも植えている。サツマイモが福建に入ったばかりの時、福建が飢饉になっても、サツマイモによって人は一年間生き延びることができた。

（原文は漢文）

徐葆光『中山伝信録』

康熙五十八年（一七一九）六月、徐葆光は、冊封副使として那覇《なは》の港に下り立った。翌康熙五十九年二月に那覇を出港するまで、九ヶ月という異例の長期間、今回の冊封使節は琉球に滞在した。その間、一行は冊封儀礼とともに、琉球王国について詳細な情報収集を行う。岩井《いわい》茂樹《しげき》（『使琉球録解題及び研究』増訂版、榕樹書林、一九九九年）によれば、「この使節団には、量視日影八品官《りようしにちえいはちひんかん》の平安《へいあん》という人物と、豊盛額《ほうせいがく》という監生《かんせい》が、「欽派《きんぱ》」すなわち正使・副使と同様に皇帝の特命によって随行していた。［中略］康熙帝は、康熙四七年（一七〇八）より、フランス人宣教師らの協力による全国的な測量をおこなわせており、その成果が、康熙五七年（一七一八）の『皇輿全覧図《こうよぜんらんず》』を生んだわけである。これは、徐葆光が琉球行きを命じられた歳であった。平安という人物が、宣教師らの指導のもとに、西洋伝来の経緯度観測の仕事をしていたことは、「量視日影八品官」という奇妙な官職名からも窺える。［中略］康熙帝の関心のおもむくところを考えれば、従来の使琉球録よりも詳細な、琉球の社会・風俗・政治の調査という任務が徐葆光に委ねられていたことは、十分に考えられる」。その成果が、帰国の翌年康熙六十年（一七二一）に刊行された『中山伝信録』六巻である。

「物産」の項は、巻六に収められる。『使琉球雑録』に比較すると、項目数ははるかに多く、穀、蔬、木、花、果、竹、獣、畜、禽、虫、鱗族、介族、螺族に分けて叙述され、海松、石芝は別項を立て、最後に石《いし》が叙述される。徐葆光にとっ

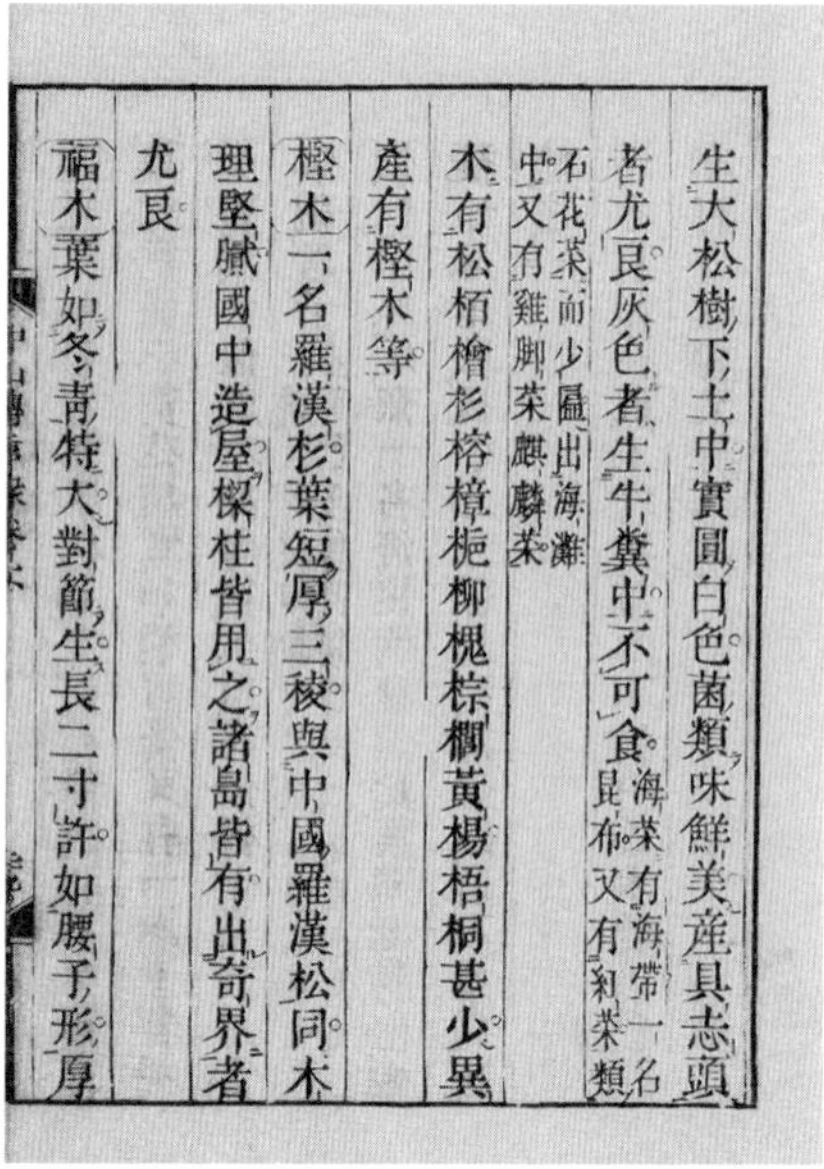
生大松樹下土中實圓白色菌類味鮮美産具志頭
者尤良灰色者生牛糞中不可食海菜有海帶一名昆布又有紫菜類石花菜而少鹿出海灘中又有雞脚菜麒麟菜
木有松栢檜杉榕樟梔柳槐椶櫚黄楊梧桐甚少異
産有樫木等
樫木一名羅漢杉葉短厚三稜與中國羅漢松同木
理堅膩國中造屋樑柱皆用之諸島皆有出奇界者
尤良
福木葉如冬青特大對節生長二寸許如屢子形厚

図21 『中山伝信録』（明和３年刊本）巻六・物産「堅木」

て、清朝治下にも見られるものは、名称を羅列するのみで、特に琉球独自と認められるものについて詳述する。例えば、樹木の項では、「松《マツ》、柏、檜、杉、榕、樟、栀、柳、槐、棕櫚、黄楊」は列記するのみで、「梧桐甚少（梧桐《ゴドウ》（アオギリ）はきわめて少ない）」と清朝治下との差異を述べ、「異産有樫木等（特別な産物として樫木《イヌマキ》などがある）」と琉球独自の樹木の叙述に入り、これらには比較的詳細な説明が加えられる。「樫木《イヌマキ》」については、「一名羅漢杉、葉短厚、三稜、与中国羅漢松同。木理堅膩、国中造屋、梁柱皆用之。諸島皆有、出奇界者尤良（一名は羅漢杉という。葉は短く厚く、三つの角がある。中国の羅漢松と同じである。木質は硬く光沢がある。琉球国で家を建てる場合、梁や柱は皆この木を使用する。どの島にもあるが、奇界島産がとりわけ良い）」と生物的特徴と琉球での用途を述べる（図21参照）。樹木で詳述されたものは、「樫木」のほか、「福木《フクギ》、鉄樹《テツジュ》（ソテツ）、烏木《ウボク》（コクタン）、油樹《ヨウジュ》（アブラギリ）、古巴梯斯《コバテイシ》（モモタマナ）、右《ユウ》納《ナ》（ハマボウフウ）、地分木、月橘《ゲッキツ》、梯姑《デイゴ》、悉達慈姑」がある。このように、生物相全体の叙述を行い、琉球独自の生物相について詳述するという方針がとられている。清朝治下大陸部の生物相を基準として、琉球の生物相が記述されており、方法としては一貫している。しかしながら、『中山伝信録』においては絵図を欠き、生物情報の報告としては不十分であること、本草学的視点はなく、薬学という観点からの叙述はない点が指摘される。この二点については、前者が『中山伝信録物産考』として日本側によって解決が与えられ、後者については『御膳本草』として琉球独自の本草学著作によって解決が与えられた。

『中山伝信録物産考』

『中山伝信録』（康熙六十年（一七二一）長洲徐葆光二友斎刊本）が、日本に輸入され、明和三年（一七六六）に京都で和刻本が出版される。本書は広く読まれたらしく、天保十一年（一八四〇）には再刊本も出ている。本書は、江戸の本草学者に影響を与え、前述のとおり、田村藍水『中山伝信録物産考』三巻（明和六年序）が編纂されることになった。『中山伝信録』の琉球物産情報に江戸の本草学がすぐさま反応したのである。『中山伝信録物産考』の序文によれば、田村藍水はもともと物産について長年研究しており、多くの蓄積があったが、『中山伝信録』を読んで、自己の研究と合致するものが多くあることに気づき、いくつかを取り上げ図解し、欠けているものを付録として補ったという。

田村藍水（一七一八―七六）は、幕府に仕える大工棟梁の大谷家に生まれ、医学、本草学を修めた後、田村家の養子となり、宝暦十三年（一七六三）には幕府医官となり、国産薬用人参《にんじん》栽培や生薬製造に携わった。

『中山伝信録物産考』三巻三冊は、江戸時代に出版されることはなく、写本として複数部が伝わっている。

巻一は巻頭に明和六年（一七六九）の中澤以正の序文があり、次に物産（絵図のあるもの）の目録が続く。本文は、「星野」「琉球三十六島」という地理的説明の後、「琉球三十六島図」が掲げられ、その後に、島ごとの説明が続く。物産は、これら地理説明の中に分散しており、三十八絵図と簡単な説明（漢名、和名、解説）がセットになっている。

巻二は目録の後、巻頭に「物産」と題され、植物七十四種、動物三十四種、石二種の絵図と説明（漢名、和名、解説）があり、説明は『中山伝信録』の記述に沿って、絵図を示すもののみ漢名、和名、解説を記す。巻一に既出のものは「図見前（図版は前に見える）」と記す。

巻三は目録の後、巻頭に「附録」と題し、植物五十七種、動物十一種の絵図と説明（漢名、和名、解説）を記す。これは、田村藍水が独自に収集した琉球物産と、『中山伝信録』巻六「月令《がちりょう》」に収録された物産についての記述である。六十八種

星野　明代、清代の地方志の用語。天上の星宿と地上の地域を対応させた考え方。

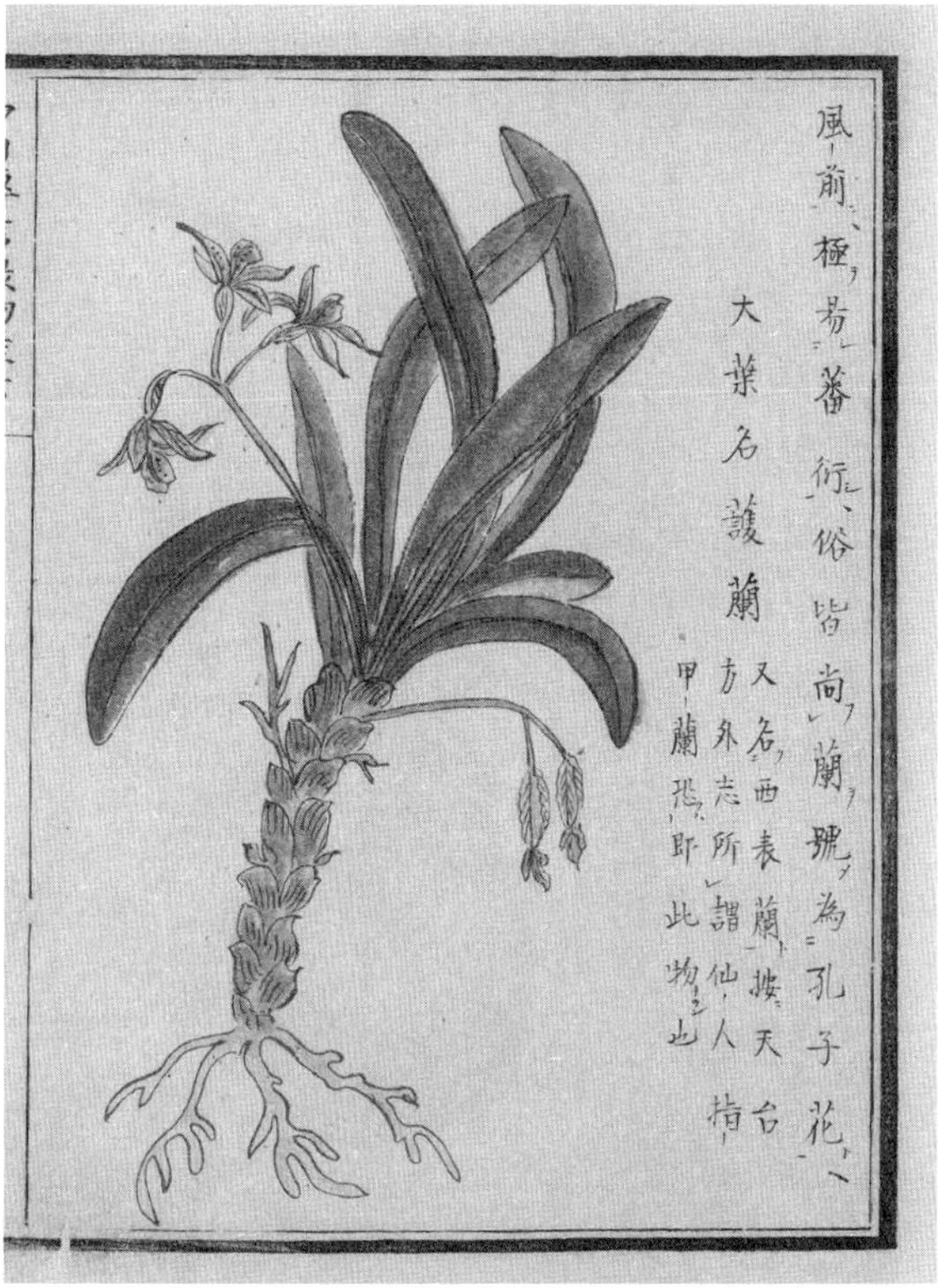

図22 『中山伝信録物産考』巻二・物産「名護蘭」

中、三十二種に「薩州方言」を記すので、薩摩藩が主要な情報源となっていることは確実である。『中山伝信録物産考』の中心部分となる巻二においても、百十種中、十八種に「薩州方言」を記すため、絵図及び琉球生物情報のかなりの部分は薩摩藩に由来するものであると推定できる。図22は、『中山伝信録物産考』巻二「名護蘭《ナゴラン》」図で、説明に「大葉名護蘭は、また西表蘭《イリオモテラン》ともいう。思うに、『天《てん》台方外志《だいほうがいし》』巻十三の「仙人指甲蘭」がおそらくそれであろう」と記す。

『中山伝信録』の琉球生物相の記述は、物産としての名称の羅列に過ぎなかったが、『中山伝信録物産考』では、その一部に絵図を施し解説を加え、さらに、江戸にあって可能な限りの情報収集を行い、物産を増補している。『中山伝信録物産考』の絵図が何に基づいたかは不明であるが、田村藍水は、当時の江戸にあって琉球物産について唯一情報を有していた薩摩藩を通じて精力的に情報収集を行ったに違いない。
出版はされなかったが、この『物産考』の著述が、彼の次の琉球研究の成果である『琉球産物志』への道を開くことになった。

『琉球産物志』

明和七年(一七七〇)、田村藍水は、『琉球産物志』十五巻附録三巻を著した。『琉球産物志』の巻一巻頭の「日本医官坂上登著輯」の「坂上登《さかがみのぼる》」は、田村家の先祖が坂上氏であったことから田村藍水を指す。『琉球産物志』巻頭には、明和八年の林菊渓《はやしきくけい》「琉球産物志叙」、岡田以閲「琉球産物志序」、明和七年の坂上登「琉球産物志自序」を配する。

三序の内容をまとめると、以下のようになる。薩摩藩主島津重豪公に田村藍水を引き合わせたのは、著名な博物学大名の肥後《ひご》藩主細川重賢《ほそかわしげかた》▲であった。明和七年四月に、重豪が国元の薩摩から江戸に戻った時、重豪の侍医を通じて、琉球国及び海中の属島に産する草木の標本十箱、一千余種が田村藍水に贈られた。その標本は、花、実、根、幹、枝、葉が一セットになったものであり、標本のそれぞれには土名(産地での呼び名)が注記されていた。田村藍水は、さまざまな書物を参考にして、標本に漢名を付し、絵図を描き、本草学的注釈を施し、十五巻の書

細川重賢　一七二一―八五年。肥後熊本藩六代藩主。蘭学に傾倒し、薩摩の島津重豪らとともに蘭癖大名と呼ばれた。

物とした。漢名を付けられなかったもの二十一品（林叙による。現行本は二十品）が残り、それを附録三巻とした。

　漢名を付けることは、この当時の学問体系がすべて中国を中心としており、中国での何という植物名かが東アジアではすべての基準となっていたためである。なお、上野《うえの》益三《ますぞう》（前掲『薩摩博物学史』）は、植物図に美しい花色が再現されていることから、乾燥した草木標本の他に彩色写生図も添付されていたであろうと推定している。全書の構成は以下のとおりである。

巻一から巻七	草部	三百二十五種
巻八	穀部	十八種
巻九から巻十	菜部	七十二種
巻十一	蓏部	十一種
巻十二	果部	五十四種
巻十三から巻十五	木部	一百三十六種
附録上巻	草部	三十三種
附録中巻・下巻	木部	七十七種
	総計	七百二十六種

『琉球産物志』凡例の第一条には次のように言う。

> 此書所載琉球、大島、硫磺島、土噶喇島、薩州之産也。雖然琉球産多大矣、故書名題琉球。各条下不記産者琉球也。余国稀産各条下記出処。
> （この書物に掲載したものは、琉球、大島《おおしま》、硫黄島《いおうじま》、土噶喇島《とかじま》、薩州の産物である。しかしながら、琉球の産物が多数を占める。それゆえ、書名に「琉球」と名付け、琉球産物が多数を占める点を明確にした。各植物名称の下に産地を記載していないものは、琉球の産物である。その他の地域の産物で、稀少なものは、各名称の下に産地を記した。）

「琉球、大島」は、「琉球国と奄美大島」と考えるのが普通であるが、上野益三博士は、繋げて「琉球大島」とし、これを奄美大島に当てている。すなわち、書名は「琉球産物志」であるが、琉球国の産物は含まれないとし、次のように述べる。「田村藍水著『琉球産物志』は、琉球大島（奄美大島）を主体とし、硫磺島（硫黄島）、土噶喇島のものを含み、喜界島のものも稀にあり、また薩摩の植物をも載せる。琉球とは題するが、大島以南に及ぶものではない」。しかし、この解釈は田村の意図に反している。田村の自序、凡例をそのまま読む限り、本書は琉球国、奄美大島、硫礦島、土噶喇島、薩州の産物を対象としていることは明白である。本書の記述方法を詳細に見るならば、各植物図の解説部分には必ず「土名」の記述があり、標本の産地での呼び名を記している。本冊六百十六図中、最も多いのが「琉球土名」で五百十、「大島土名」は百二十三、「硫礦島土名」は六、「喜界島土名」は一、薩州離島部の「宝島土名」「中島土名」六、「口島土名」五、「蛇島土名」一、「種島土名」一、「黒島土名」一である。同一図に複数土名が記される場合もあるので総数は絵図総計を超える。田村の意図では、これらの地域を明確に区別している。しかし、「琉球土名」が付された植物中に、植物の生態分布上、琉球には分布しないと判断される植物が多く含まれていることも事実で、こうした例が多数存在することにより、上野博士は、『琉球産物志』には、琉球産植物は含まれておらず、凡例の「琉球、大島」も「琉球大島（奄美大島）」と読むべき、と判断されたに違いない。

しかしながら、『琉球産物志』には、琉球以南にのみ産する植物も含まれており、『琉球産物志』中の「琉球土名」を記載する植物には、明らかに日本本土産と考えられるものと、明白な琉球以南の産物、及び日本本土、南西諸島に広く分布はするが琉球で採集されたと考えられるものが混在しているのである。これは、田村藍水の責任に帰するべきものではなく、おそらくは、薩摩側の標本整理の不備によって、薩摩本土産標本と琉球産標本に混乱が生じたものと推定される。田村藍水に標本をすべて提供し、鑑定に当たらせたのも、この時期、薩摩藩には本草学を担う人材が育っておらず、すべてが手探りの状態であったためである。標本の混乱もこうした薩摩藩における博物学関係の人材不足に起因すると考えられる。後に、島津重豪は、曾槃という優れた人材を薩摩藩に迎え、博物学の分野で素晴らしい業績を生み出すことになるが、それは後年のことである。しかし、こ

図23 『琉球産物志』巻一「山牛蒡草（フジノカンアオイ）」

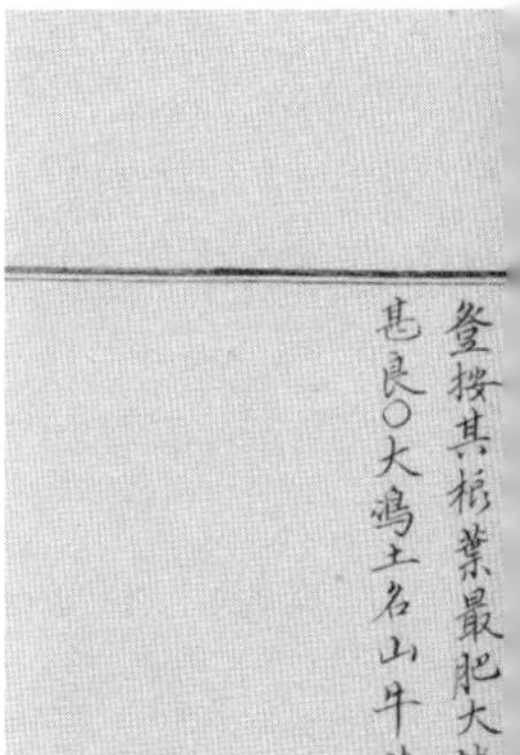
登按其根葉最肥大諸州雖多不能並其根長者一二尺許其功甚良○大嶋土名山牛蒡草

のような問題を含みつつも、『琉球産物志』は、きわめて貴重な情報を現代の我々に示してくれる。

奄美の自然

産地の混乱という大きな問題を含む『琉球産物志』ではあるが、奄美大島より採集された標本に関しては幸いなことに問題はない。奄美大島産の植物は、絵図中に「大島産」と明記するか、解説中に「大島土名」と明記され、他の産地標本から明確に区別されている。

いくつかの例を見てみよう。巻一「杜《と》衡《こう》　大葉　大島産」（図23）には、田村藍水の解説「登按、其根葉最肥大、諸州雖多、不能並其根長者一二尺許、其功甚良」（田村藍水（坂上登）の考察では、大島産杜衡の根と葉は、同種のなかで最も肥大したものである。各地に杜衡は多くあっても大島産杜衡の根の長さが一、二尺ばかりにもなるものと比べることはできない。大島産杜衡の効能はたいへん優れたものである）の後、「大島土名、山牛蒡草《ごぼう》」と記されている。漢名「杜衡」は、学名 *Asarum blumei* で、和名「ランヨウアオイ」に相当するが、絵図は絶滅危惧種に指定される奄美の固有種「フジノカンアオイ」と考えられる。『鹿児島県植物方言集』（鹿児島県立博物館、一九八〇年）には、フジノカンアオイの奄美大島方言として「ヤマゴボウ」が挙がっており、『琉球産物志』所収「杜衡　大葉　大島産」の土名「山牛蒡草」と一致し、これが奄美大島採集の標本であることは間違いない。また、巻十「百合《ゆり》　大島産」（図24）には、田村藍水解説に

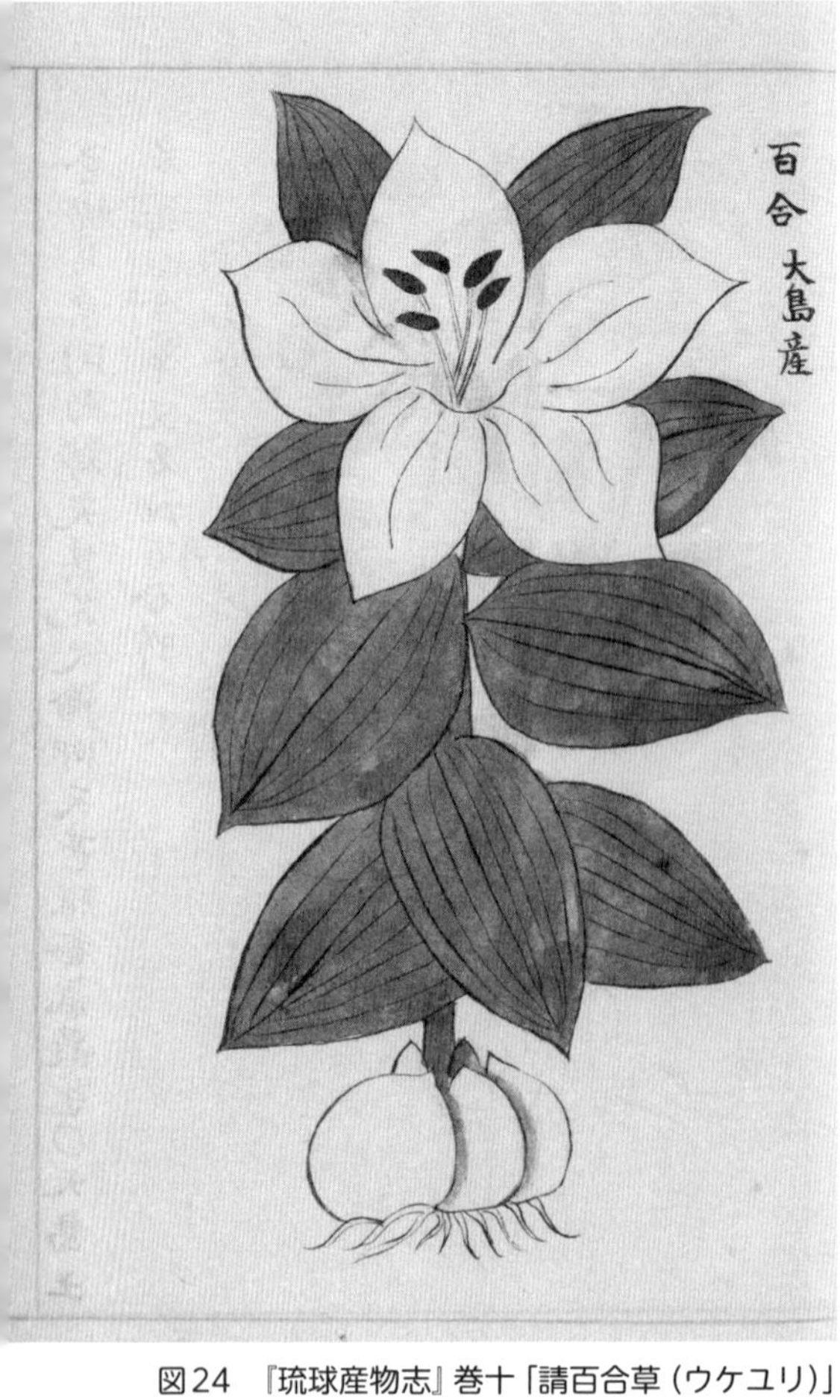

図24　『琉球産物志』巻十「請百合草（ウケユリ）」

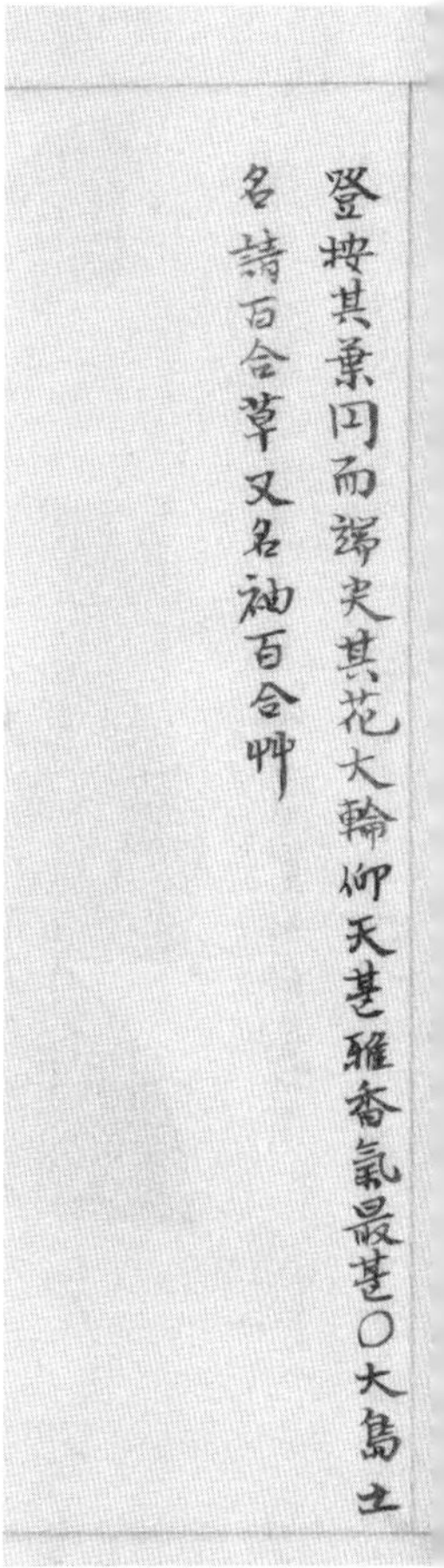

登按其葉円而端尖其花大輪仰天甚雅香氣最甚〇大島土名請百合草又名袖百合艸

「登按、其葉円而端尖、其花大輪仰天甚雅、香気最甚」（田村藍水の考察では、その葉は丸く、端は尖《とが》っており、その花は大輪で上を向き、たいへん優美である。香りはユリの中で最も強い）とあり、「大島土名、請百合《ウケユリ》草、又名、袖百合《ソデユリ》草」という。これは、初島住彦『改訂　鹿児島県植物目録』（鹿児島植物同好会、一九八六年）「ウケユリ」に「*Lilium alexandrae Hort. ex Wallace*　奄美大島（名音　今里　慈和岳　戸倉岳（カケロマ島）与路島」と記す奄美の固有種である。現在から二百四十年も前に日本のある特定の地域について植物生態調査、標本採集、方言名調査が系統的に行われ、彩色絵図記録が百枚以上存在することは稀有のことである。『琉球産物志』は、奄美自然誌についての貴重な記録といえるのである。

『薩摩州虫品』

島津重豪が田村藍水に下賜した植物標本に対応する標本収集事業が、琉球において行われたことを示す資料が存在する。著名な沖縄研究者である伊波普猷《いはふゆう》の「『質問本草』に就いて」（『沖縄教育』一六三号、一九三三年）という文章中に引用されたものである。伊波は『質問本草』（天明五年（一七八五）写本が存在）に関連した標本収集と考えたが、年代が合わない。『琉球産物志』に関連する標本収集作業と見て間違いないであろう。

一つは、『毛姓支流家譜《もうせいしりゅうかふ》』の十世津波古《つはこ》親雲上《ぺーちん》盛敷《せいしき》（毛執《もうしつ》）の条で、いま一つは、『翁姓家譜《おうせいかふ》』の玉城《たましろ》親雲上《ぺーちん》盛照《せいしょう》（翁允温《おういんおん》）の条である。この資料によれば、乾隆《けんりゅう》三十三年（明和五年（一七六八））十月に、琉球王府に「産物調奉行《さんぶつしらべぶぎょう》」の職が新たに設置された。その設置は薩摩藩からの命令で、「琉球の諸虫草木葛竹等」を丑寅《ちゅういん》年（明和六・七年）内に献納せよとの内容であった。文書が琉球の各地各島に発せられ、昆虫植物の献納が命ぜられ、己丑《きちゅう》年（明和六年）には、虫百五十九種、草木葛竹六百七種が揃い、種々の書物を参考に漢名を付け、薩摩に献納された。さらに、庚寅《こういん》年（明和七年）には、虫十六種、草木葛二百四十一種が献納された。この時、植物の他に昆虫類等も採集の対象となっていたという記述が重要な点となる。おそらく、同様の命令が、琉球ばかりでなく、薩摩、大隅、日向及び薩州島嶼部、奄美にも発せられたと推定される。というのは、昆虫類について、薩摩から琉球まで採集が行われていたことを示す資料が残されているからである。

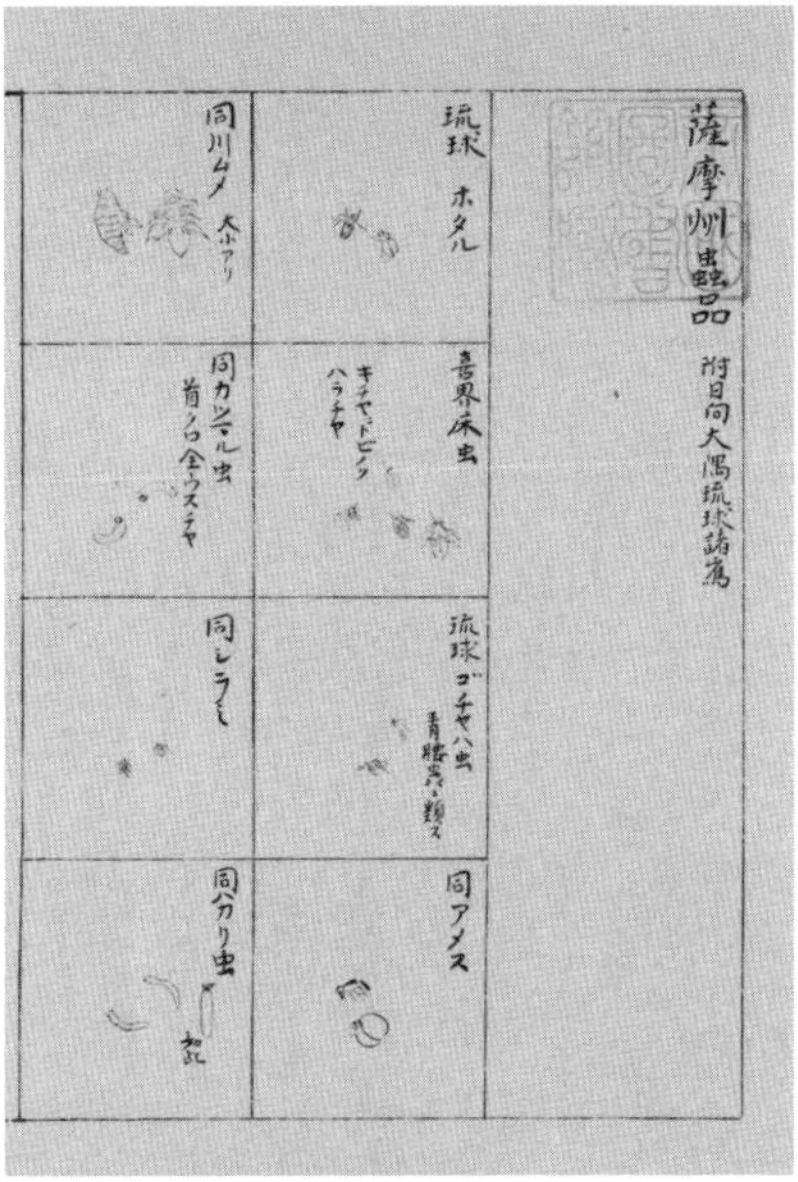

図25　『薩摩州虫品』巻頭

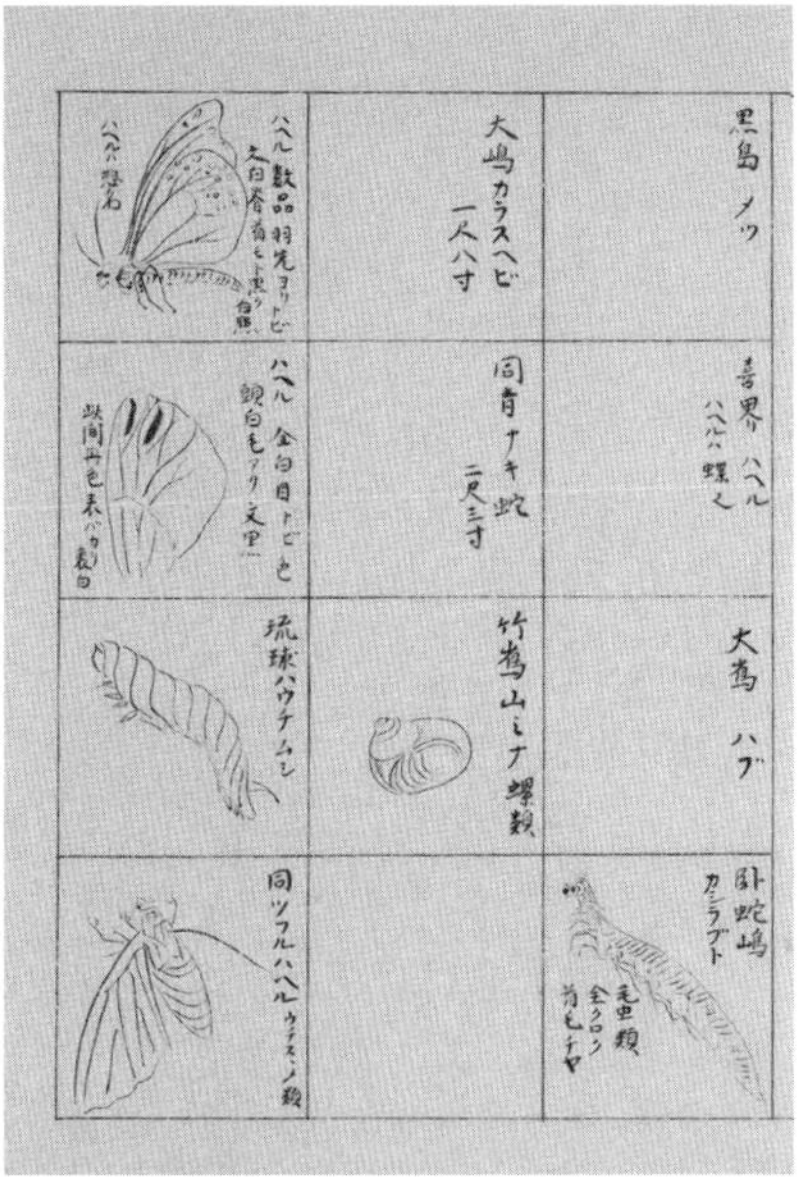

図26　『薩摩州虫品』第４丁裏

『琉球産物志』に見える地名は、琉球、大島、硫黄島、喜界島及び薩州離島部の宝島、中島、口島、蛇島、種島、黒島であり、薩州本土部の地名はない。ところが、この時に収集された昆虫類を整理したものと推定される木村《きむら》蒹葭堂《けんかどう》『薩摩州虫品《ちゅうひん》』には、薩摩では、薩州、薩州出水《いずみ》郡、薩州伊佐《いさ》郡、薩州日置《ひおき》郡、薩州渓山《たにやま》郡、薩州指宿《いぶすき》郡、大隅では、隅州姶羅《あいら》郡、隅州桑原《くわはら》郡、隅州噌唹《そお》郡、隅州肝属《きもつき》郡、隅州熊毛《くまげ》郡、日向では、日州諸縣《もろかた》郡、大隅諸島では、竹島《たけしま》、薩州川辺黒島《かわなべくろしま》、トカラ列島では、薩州川辺郡口島《くちじま》、薩州川辺郡中之島《なかのしま》、中島《なかしま》、薩州川辺郡臥蛇《がじゃ》村、臥蛇島《がじゃじま》、奄美群島では、大島《おおしま》、喜界《きかい》、鬼界《きかい》、琉球諸島では、琉球、石垣の地名が見え、薩摩本土部から南西諸島全体にわたる昆虫標本採集であったことが分かるのである（図25・26参照）。

木村蒹葭堂（一七三六―一八〇二）、名は孔恭《こうきょう》、また弘恭、字は世粛《せいしゅく》、号は蒹葭堂。代々、大坂北堀江《きたほりえ》で酒造業を営む豪商であった。実家の援助のもとに、和漢の書物をはじめ、博物学的興味に従ってさまざまな珍品標本を収集し、これらコレクションを、広く教養ある人々に開放したので、当時の著名な人物はこぞって蒹葭堂を訪れ、文化サロンがそこに出現したという。どういう経緯があったのかは知られていないが、この浪速《なにわ》の大コレクターのもとに、重豪の収集させた昆虫標本が渡り、整理され、『薩摩州虫品』として今に伝わるのである。

以上、『琉球産物志』編纂の経緯、琉球での産物調奉行の設置、『薩摩州虫品』の内容を総合するならば、明和五年(一七六八)に、薩摩藩内から南西諸島全域に対して、生物(植物、昆虫など)総合調査収集の命が発せられ、同七年に調査収集が完了し、薩摩藩には膨大な量の生物標本が集積されたと推定されるのである。それは、薩摩本土部から南西諸島全体に対する南北約一千キロにわたる生物総合調査であり、その結果を、今日、『琉球産物志』『薩摩州虫品』に見ることができるのである。これは、江戸の博物学が南西諸島へと視線を拡大してゆく最初の大きな調査と位置づけられる。

『御膳本草』——琉球自身の博物学書

ここまで述べてきたように、琉球の生物相の記述は、中国王朝から派遣された冊封使等の記録に始まり、それに影響を受けた江戸の本草学者が、薩摩藩が行った南西諸島に対する総合的物産調査の標本を入手することで進展した。では、琉球自身による生物相の記述はなかったのか。

琉球自身による生物相の記述は琉球の医師である渡嘉敷通寛《とかしきつうかん》によって実現する。渡嘉敷通寛『御膳本草《ごぜんほんぞう》』である。これは特異な形態をとった本草書、食物本草《しょくもつほんぞう》の系譜に位置する。上野益三（「「食物本草」解題」『食物本草本大成』第四巻、臨川書店、一九八〇年）によれば、「本草の学は、もともと薬物の名実を正し、その能毒ならびに宜禁を明らかにするのを主目的となし、医学に伴って発達した。本草が取り上げる薬物の中には多数の食物が含まれ、良質の食物こそは上薬であると考えられた。そして本草の中から食物だけを取り出し、飲膳食治を論ずる一科が別途に発達した。それがいわゆる食物本草である」とされる。唐・孟詵《もうしん》『食療本草』や、元・李杲《りこう》（東垣《とうえん》）『食物本草』十巻（前半七巻は明・汪穎《おうえい》『食物本草』、後半の三巻は元・呉瑞《ごずい》『日用《にちよう》本草』）がそれにあたり、後にさまざまな種類のものが中国や日本で著された。

『御膳本草』は、十六分類、三百十項目で、十六分類とは、穀類、五穀醸造類、菜類、瓜類、茸類、海菜類、苔類、家禽類、野禽類、水禽類、家獣類、野獣類、魚類、調理之類、介類、果類である。この後に、「禁忌《きんき》按」「懐胎人《かいたいじん》好物」「懐胎人禁物」の三つの文章が続く。

『御膳本草』が依拠した参考書は何かという問題があるが、渡嘉敷通寛の家譜では「諸書取調の上、食物性質効能禁尅等委細相記、全編集成仕奉備上覧候処（さまざまな書物を調査した上で、食物の性質、効能、禁忌などを詳細に記述し、全体をまとめて国王の上覧に備えた）」と言い、さまざまな書物を調査したとあるが、実際にどのような書物を直接の参考としたのか判断することは難しい。例えば、「和歌本草」という書名は五条に出てくるが、それぞれ、『食物和歌本草増補』の記述にほぼ一致する。

『御膳本草』「でんがく（田楽）」の「和歌本草には、胃をひらき食をすすむ。頭風風眼並瘡疵《そうし》の禁物《きんもつ》といへり」は、『食物和歌本草増補』の「田楽は、山椒《さんせう》みそや、こせうみそ、胃《ゐ》をよくひらき、食をすすむる」に対応する。

『食物和歌本草増補』七巻は、寛文七年（一六六七）京都で刊行された。寛永十九年（一六四二）出版の『食物和歌本草』を踏襲するが、単なる増補ではなく全く新しい著述である。食品の品質、良否、食べ方、禁忌などを和歌に詠み込んだものである。さらに、『御膳本草』の各項目を調べると、『本草綱目』の記述とほぼ一致するものも多く、『本草綱目』系統の本草書に基本的に基づいたと推定される。しかし、現在のところ確実にすべてが一致するものは見出されていない。

さらに、横山学《よこやままなぶ》（「琉球国食療書『御膳本草』」『生活文化研究所年報』第一巻、一九八

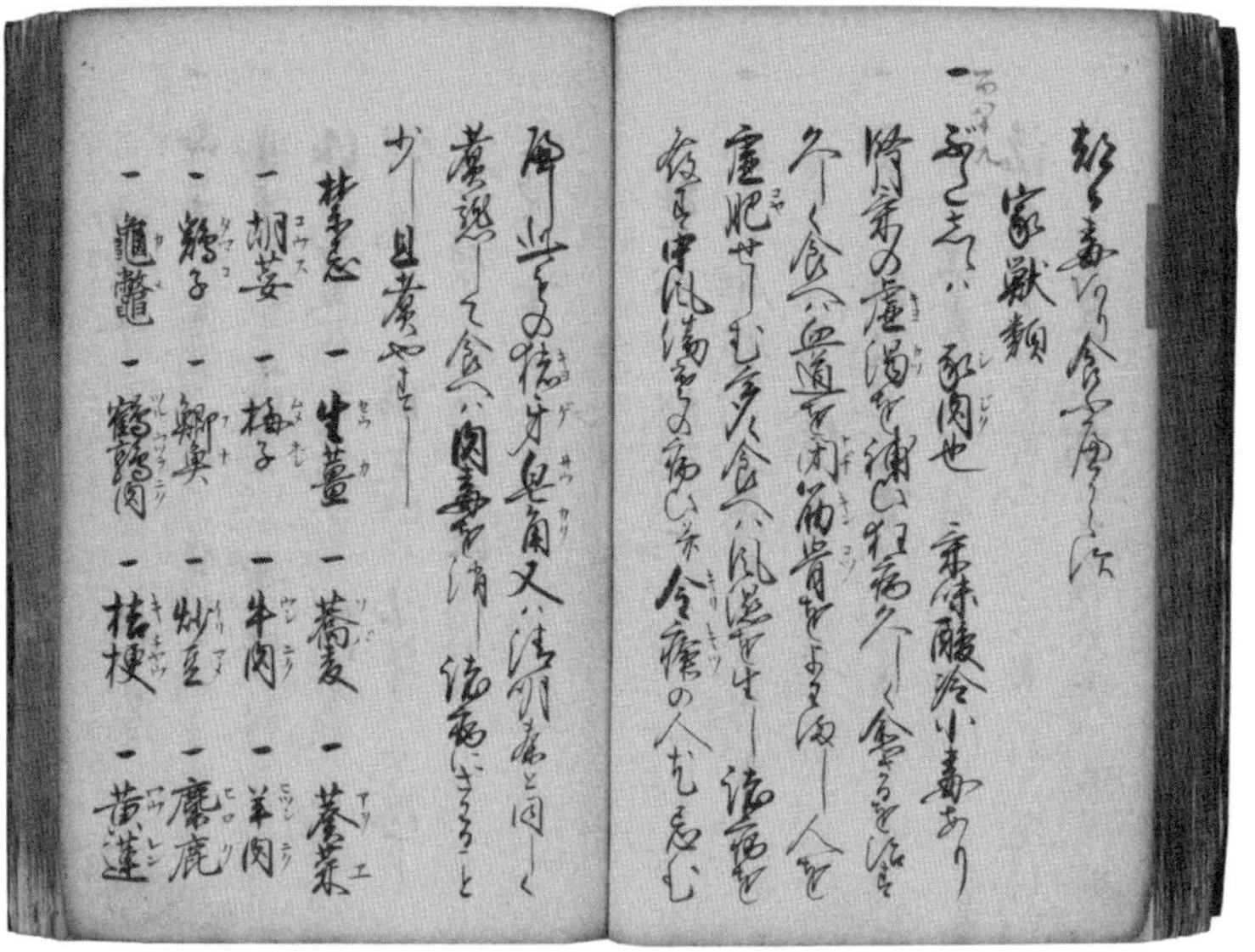

図27　『御膳本草』「豚肉」

七年）が指摘した『御膳本草』中に引用書名を明記する項目についても、その引用の仕方は、そのままの引用ではなく、省略や順序の変更などが行われており、渡嘉敷通寛の大幅な編集を経たことが見て取れる。

琉球と江戸時代日本の食文化の最も大きな相違点の一つに豚《ぶた》の存在がある。琉球は中国福建の食文化の影響を受けて豚を料理に取り入れていた。江戸時代日本においても、琉球の文化の影響を受けて薩摩では豚が食用とされていた。『御膳本草』家獣類には、豚に関連するものが十種並んでいる。「ぶたしし（豕肉）」「ぶたゆ（豕脂膏）」「ぶたきも（豕肝）」「ぶたふく（豕肺）」「ぶたふくまめ（豕心）」「ぶたまめ（豕腎）」「ぶたをほがい（豕肚）」「ぶたわた（豕腸）」「ぶたあし（豕蹄）」「ぶたけつ（豕血）」で、豚はそのすべてが食用とされていたことがわかる。図27は「ぶたしし（豕肉）」の項目である。

一　ぶたししは、豕肉《シジク》なり。気味酸冷小毒あり。

腎気の虚渇を補ひ、狂病久しく癒ざるを治す。久しく食へば血道を閉《トヂ》、筋骨《キンコツ》をよわまし、人を虚肥《コヤ》せしむ。多く食へば風湿を生し諸病を発す。中風傷寒の病ひ幷金瘡《キリキヅ》の人尤忌むべし。此もの猪牙《キヨゲ》・皀角《サウカク》又は晴明茶と同じく煮熟して食へば、肉毒を消し、諸病にさわること少し、且煮やすし。

禁忌　一生薑《セウカ》　一蕎麦《ソバ》　一葵菜《アヲエ》　一胡荽《コウス》　一梅子《ムメホシ》　一牛肉《ウシニク》　一羊肉《ヒツシニク》　一
鶏子《タマコ》　一鯽魚《フナ》　一炒豆《イリマメ》　一麋鹿《ビロク》　一亀鼈《カメ》　一鶴鶉肉《ツルウヅラニク》　一桔梗《キキヤウ》　一黄蓮《ワウレン》　一
胡黄蓮《コワウレン》　一蒼茸《ナンムンメ》　一呉茱萸《コシユユ》　一烏梅

「ぶたしし」は、豚肉である。漢方における気・味は、酸（収斂の作用）、冷（体を冷やす）で、やや毒がある。

腎臓の病気、精神病の長患《ながわずら》いに効能があるとする。しかし、常食すれば、血行を悪くし、筋骨を弱め、人を肥満にする。多食すれば、風湿《ふうしつ》（リュウマチ等）やさまざまな病気を発症する。中風《ちゅうふう》（脳血管障害の後遺症等）、傷寒《しょうかん》（高熱を伴う伝染性疾患）や切り傷の時はとりわけ食べてはならない。調理法としては、サイカチ果実の乾燥品あるいは晴明茶《せいめいちゃ》（中国茶）でじっくり煮ると、肉の毒気を消し、さまざまな病気に対しても問題なく、かつ調理しやすい。

「禁忌」は食べ合わせの悪いものを指す。

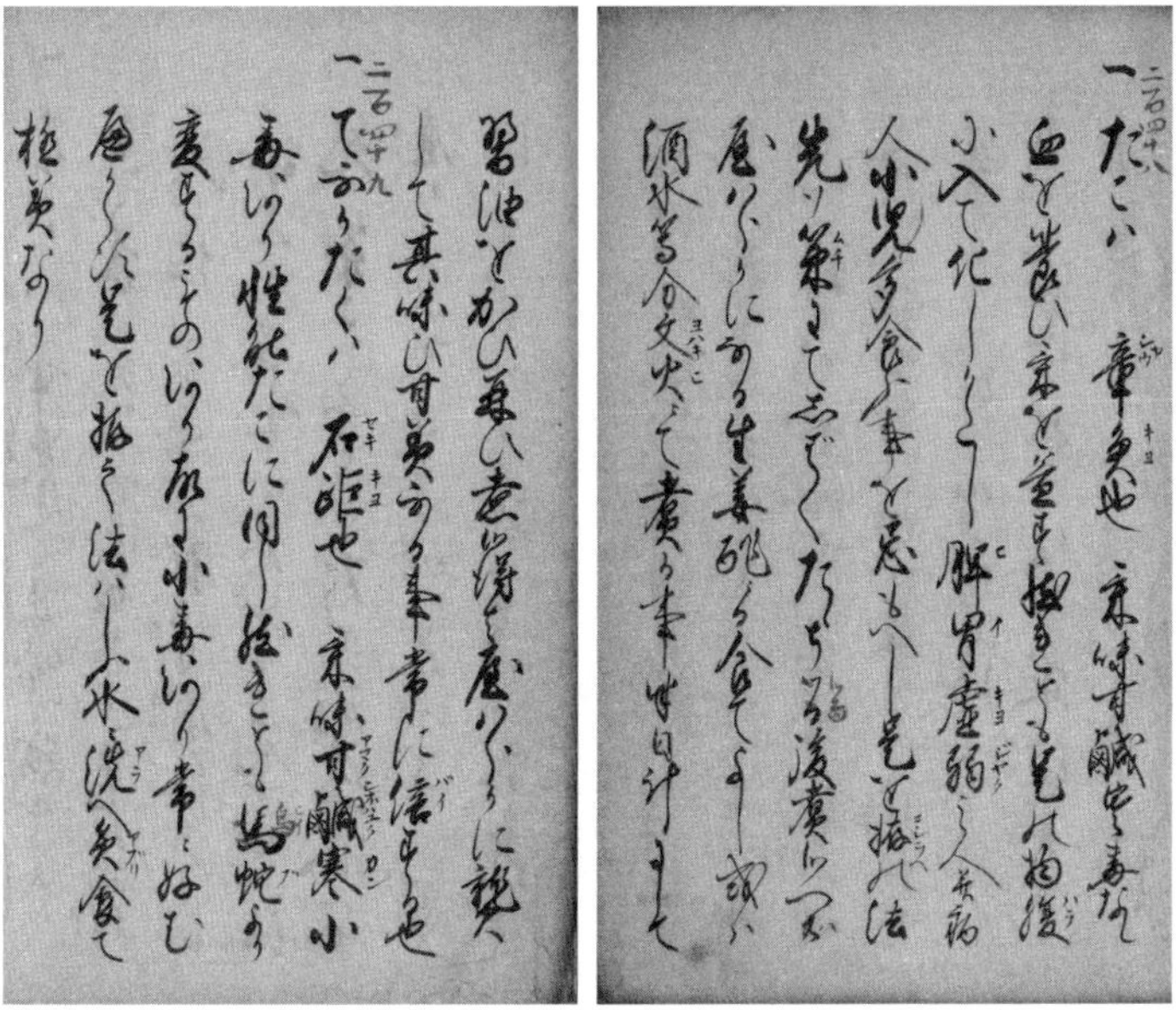

図28 『御膳本草』「たこ」

図28は、「たこ（章魚）」の項目で、詳しい調理法が述べられている。

是を拵《コシラヘ》の法、先ヅ策《ムチ》にてしばしばたたち候而後煮候へば、やはらかになる。生姜酢に而食てよし。或は酒水等分文火《ヨハキヒ》にて煮る事半日計にして、醤油を加ひ再び煮候得ば、やはらかに熟して其味ひ甘美なる事常に倍する也。

タコ料理のこしらえ方。まず、ムチで何度も叩いてから煮ると、柔らかになる。生姜酢で食べるとよい。あるいは、酒と水を同量加え、弱火で半日ばかり煮て、醤油を加えて再び煮ると、柔らかに熟して、その旨味は倍増する。

渡嘉敷通寛

『御膳本草』の著者は、渡嘉敷通寛である。家譜によって、彼の一生を見ておこう。渡嘉敷通寛は、童名《わらびな》は真三良、唐名《からな》は呂継続《りよけいぞく》、排行は一、乾隆五十九年（一七九四）首里《しゅり》に生まれる。父は、「御医者」（琉球王府の官職）諸見里通治《もろみざとつうじ》。嘉慶《かけい》二十一年（一八一六）四月に、父の家統を継ぎ、越来間《ごえくま》切《ぎり》地頭職に任命され、嘉慶二十二年、医学を学ぶため、清国に赴き、福州で諸汝《しょじょ》郷《きょう》、黄栄秋《こうえいしゅう》、施《し》天鐸《てんたく》に内科、外科、眼科を学び、嘉慶二十三年、北京で、大医院《だいいいん》の張垣《ちょうえん》先生から医学を学び、また薬用人参の選択方法・貯蔵方法を学んだ。嘉慶二十五年、琉球に帰国する。道光元年（一八二一）下庫理《したくり》（首里王府の役所）御番医者（首里王府の役職）、道光四年二月、御医者相附（首里王府の役職）に任命される。道光四年、中国で医学学習のために留学を命ぜられ、同年、北京で、大医院頭の張水清《ちょうすいせい》並びに別の優秀な医者について、内科・外科と「積痾《せきあ》」治療の方法を詳細に学び、道光五年四月、福州に戻る。道光六年、北京で、水腫《すいしゅ》・中風・隔《かく》症《しょう》やその他難病の治療方法の秘伝を学び、張水清先生の直伝の治療方法を詳細に習得し、その秘伝の図書も貰い受け、道光七年四月、福州に戻り、福州で周宗《しゅうそう》起《き》・陳元犀《ちんげんさい》・劉済川《りゅうせいせん》に内科を、端木良《たんぼくりょう》に外科を、葉炳南《ようへいなん》に婦人科を、陳士渤《ちんしぼつ》に小児科を、呉良友《ごりょうゆう》らに「灯火炙《とうかしゃ》」を学び、それぞれ習得して、道光七年六月に琉球に帰国した。道光十二年十二月、中国滞在中に御医者に任命され、道光十二年正月、琉球王の命により、調理に際しての食物の性質や禁止事項・取り合わせの禁止事項を詳細に記した『御膳本草』一巻を作成し、献上した。道光十七年、渡嘉敷間《とかしきま》切惣地頭《ぎりそうじとう》職（領地として、一村を領有するものが脇《わき》地頭、一間切を領有するものが惣地頭）に転任する。道光二十六年に死亡。享年五十三歳。

家譜から、『御膳本草』の執筆が琉球王の命であったこと、献上が一八三二年であったこと、その内容は、多くの書物を調査し、「食物の性質、効能、禁尅等」を詳細に記述したものであったことがわかる。

『琉球百問』

清朝の著名な医師である曹存心《そうぞんしん》に『琉球百問《ひゃくもん》』（咸豊九年（一八五九）刻本）という著作がある。これは、清朝中期、琉球人医師呂鳳儀の医学上の質問に対して、曹存心が回答した内容をまとめた書物である。この呂鳳儀は、渡嘉敷通寛と推定される。

曹存心（一七六七―一八三三）は、字仁伯《じんはく》、また楽山《らくざん》、江蘇の常熟福山《じょうじゅくふくざん》の人である。蘇州の薛性天《せっせいてん》のもとで十年間医学を勉強し、嘉慶・道光年間において、蘇州でも屈指の医学者となった。道光五年（一八二五）に、後に同治《どうち》帝、光緒《こうしょ》帝の師傅《しふ》となる翁同龢《おうどうわ》の母親の病気を治療してより名声は一気に高まった。弟子は百人を超え、患者も日々百人以上あった。弟子の指導においては、病理の分析を重視し、著書に『継志堂医案《けいしどういあん》』三巻などがある。

光緒七年（一八八一）楊泗孫《ようしそん》の序によれば、琉球国の臣下である呂鳳儀が道光七年琉球国の使節として中国に来り、呉郡（蘇州）で曹存心に会い、教えを請うて弟子になった。その医学知識に敬服した呂鳳儀は、五年後に琉球から二度手紙で質問をしている。現行の『琉球百問』は、「琉球百問」本文の後、道光四年の年号を付する「琉球原問」、道光十二年九月の呂鳳儀の手紙「琉球呂公札問」、道光十三年一月十五日の曹存心の回答「答琉球呂鳳儀札問」からなっている。道光四年「琉球原問」は曹存心への最初の質問と回答、「琉球百問」本文巻頭の同一の症例は、その再度の質問とそれへの回答と考えられる。

再度の質問に及んだ症例は、呂鳳儀にとってとりわけ重要であったと思われる。概略を述べると、「患者は年齢四十一歳の男性。物事を思いつめ、抑鬱の傾向がある。酒色を嗜《たしな》み、喜んだり怒ったりの変化が激しい。昼はぼんやりとして、夜は不眠となる。いったん怒り出すと、親しいもの、親しくないものの区別なく、非合理な指摘をして相手を罵倒する。刀を手にして突きつけてくることもある。喜んでいる時は、振る舞いは穏やかで合理的な発言をする。病気は、過度の飲酒をした後で必ず症状が出る。もう十数年続いている。六脈《ろくみゃく》は力強くなめらかであるが、両尺《りょうしゃく》は純粋で弱く、大小便に変化はないが、痰《たん》が多く出る。嘔吐《おうと》した際には痰が含まれている。飲み物は心臓の下あたりで滞留し、ゴロゴロと音がする。飲酒の後にこの症状はとりわけ甚だしい。食事は進み、肉付きよく肥満である。手足に熱を帯び、寒さには強いが、暑さを嫌う。動悸《どうき》が激しくなることが多く、目が定まらない。舌は赤く、白斑があり、乾燥はしていない。安心丸《あんしんがん》、定志《ていし》丸《がん》、寿脾《じゆひ》丸《がん》等を投与したが効かず、改めて清心滾痰丸《せいしんこんたんがん》を用いて胃腸に溜まった痰を除くが治らない。琉球の医師たちは、原因を宿痰《しゆくたん》と言ったり、酒癲《しゆてん》と言ったり、驚悸《きようき》と言ったり、怔忡《せいちゆう》と言ったり、心腎《しんじん》交わらずと言ったりして一致しない。飲食や房事の過多が原因で、心臓、腎臓、脾臓、胃が虚弱となったというならば、飲食や起居動作が普段どおりで、房事も盛んであり、症状は多く「実」に属する。飲食や起居動作が衰えないことが原因で心臓、肝臓が「実」であるとするならば、病状は長期間続き、飲酒、房事も継続しており、脈は「虚」を帯びている。ゆえに、「虚」なのか「実」なのか判定し難く、治療方針を立てにくい。使用した薬剤は皆効果が見られない。そこで、中国有数の名医に、優れた治療方法をご教示願うのである」。

再度の質問を受けて、曹存心は、前回の回答を短くまとめて次のように述べている。「人が四十一歳にもなったなら、考え事も多く、憂いも多く、気持ちが晴れなければ、酒色で紛らわすが、次第にそれが悪習となり、諸病が起こるのである。それが久しく続くと、しばしば癲病《てんびょう》になり、狂ったような行動を起こすのである」。さらに、再度の質問で、症状が飲酒の後に甚だしいことを受けて、酒についての医学的見地を述べ、症状を分析し、最終的には禁欲、節制を勧めている。当たり前すぎて拍子抜けである。しかし、曹存心は、琉球という風土的要素も考えあわせ、酒を節制できない場合を考慮して、酒に「鎮肝涼胆《ちんかんりょうたん》」の薬を混ぜ合わせ、酒の性質を変化させて病気を治療する方法を提示している。

道光四年「琉球原問」に「年近四旬」、道光七年の質問に「年四十有一」とあるので、この患者は、乾隆五十二年（一七八七）の生まれとなる。この患者へのきわめて手厚い看護・投薬、再度の曹存心への質問を考慮すると、この患者は、琉球王国内でもとりわけ高い地位にある人物と考えられる。ちょうど、第十七代の琉球王尚灝《しょうこう》（一七八七—一八三四）が、乾隆五十二年の生まれで、道光八年、病（一種の精神病）をもって隠居したことを考え合わせると、この症例は、琉球王尚灝の可能性が高い。さらに『女科要旨《じょかようし》』の呂鳳儀跋文に「国主症患脳風、医者博採群書、凡奇方秘術、皆罔効焉。因特命随貢京師、詣太医院仰求指示（琉球王が、脳風の病気に罹ったとき、医者たちは多くの書物を参照したが、彼らの処方薬・医療技術は、みな効果がなかった。そこで道光六年、朝廷の特命を受けて北京に随行して行き、北京の太医院を訪れ指示を求めた）」とあること、喜舎場朝賢《きしゃばちょうけん》

『東汀随筆《とうていずいひつ》』に「尚灝王は、怔忡《せいちゅう》の御病気にて、御喜怒常なし。国政の多端なるを御厭ひ、御静養の為めに、浦添間切城間村《うらそへまきりぐすくまむら》に別荘を御建築せられ、城間の御殿と謂ふ」とあり、病名が一致することを考え合わせると、この症例は、琉球王尚灝を指すと考えるのが適当であろう。

巻頭の琉球王の事例は特別なものであるが、『琉球百問』全体で質問された事例は百三例もある。内科が三十問で最も多く、次いで、外科が十二問、産婦人科が十五問、小児科が十六問、眼科が二問、鍼灸《しんきゅう》科が十九問、本草関連が九問となっており、当時、琉球の医師が診断に窮した病例はほとんど含まれていると考えられる。『琉球百問』は、病気治療という側面から琉球社会を映した稀有な書物と言えるのである。

曹存心が回答できなかった質問が『琉球百問』の最後に置かれている。それは「ソテツ」▲に関するものである。呂鳳儀は次のように質問している。「わが国は海中の貧しい国で、凶作飢饉の年には、田舎の貧しい人々は食べるものもなく、ソテツの根の地面から外に出ているものを取り、食料とします。毒に当たると嘔吐して突然死し、同じ食事をした一家のものも、老若男女となく皆死んでしまいます。毒に当たらなければ、一年中食料にできます。その製法は、根を細かく薄切りにし、水にさらして乾燥させ、さらに水に浸して毒を去り、塩、糠《ぬか》とあわせよ

ソテツ　蘇鉄。裸子植物ソテツ科の常緑低木。九州南部、南西諸島、台湾、中国大陸南部の海岸近くの岩場に生育する。沖縄や奄美では、飢饉の際に食料として飢えをしのいだとも言うが、毒により死亡する人もいた。

く炒《いた》めて食します。あるいは、生のまま砕いて水に五日五晩晒し、一日に四、五回水を換え、よく煮て五味とあわせて食します。あるいは、根を細かく薄切りにし、水にさらして乾燥させ、さらに水に浸して毒を去り、粉末にし、よく煮て五味とあわせて食します。中毒死するものは、粉末にしてよく煮て食したものが多く、おそらくは、粉末にするときに、湿気と熱によってカビが生じ、毒に変化して人を殺すのだと言われています。これは何の毒で、どのように解毒すればよいのでしょうか。また、ソテツのなかで、食べることができない部位があるのでしょうか。謹んでお伺いいたします」。曹存心は、本草書の中に「ソテツ」が記載されていないので、よくわからないと回答している。ソテツは、熱帯、亜熱帯の海岸近くに生息する裸子植物で、江蘇出身の曹存心には未知の植物であった。現代では、ソテツの根、種子のデンプンにはサイカシンという毒物が高濃度で含まれていることがよく知られている。

琉球情報の蓄積

南西諸島の生物相の記述は、物産という観点から、十七世紀、中国王朝によって琉球に派遣された冊封使たちにより最初に行われた。この情報は引き継がれ、貴重な琉球情報として中国王朝に蓄積されていく。それは中国王朝による世界情報、地域情報の収集、知の拡大という欲望を背景とする。一方、その一つである『中山伝信録』が日本に伝来し、京都で出版されることで、琉球情報に飢えていた日本の本草学者たちに影響を与える。田村藍水『中山伝信録物産考』は、江戸の本草学者による『中山伝信録』の琉球物産情報に対する研究成果である。この書物を編纂した縁であろうか。田村藍水のもとに、南西諸島全体に対する物産調査の結果である膨大な植物標本が薩摩藩より下賜され、田村藍水は『琉球産物志』を編纂する。琉球現地での調査は行えなかったが、書物や伝聞情報ではない実物標本に基づく南西諸島の生物相記述が江戸で行われたことは画期的である。一方、琉球自身による生物相記述も現れる。琉球の医師である渡嘉敷通寛『御膳本草』である。しかし、これは食物本草という特殊な形態の本草書であり、食べ物になる動植物を中心とした記述となっている。琉球王府に使える医師という立場、琉球王府にとっての需要という側面からの著述である。南西諸島の生物相の調査、研究は中国王朝、薩摩藩、江戸の本草学者、琉球の医学者によって異なる背景、異なる欲望のもとに行われ、進展していったのである。

三▼大名趣味としての鳥飼い

珍獣奇鳥の世界的流通

江戸時代、長崎を通じてさまざまな珍獣奇鳥が輸入されていた。このことを示す貴重な資料が慶應義塾図書館所蔵『唐蘭船《とうらんせん》持渡《もちわたり》鳥《ちょう》獣《じゅう》之《の》図《ず》』である。長崎の代官・町年寄《まちどしより》を務めた高木家に伝わったもので、異国船で到来した珍獣奇鳥を御用絵師に描かせ、幕府に送達した控図《ひかえず》と推定され、「鳥之図」二帖・「獣類之図」一帖・「馬之図」一帖・「犬之図」一帖の全五帖二百二十五図で構成される。『船来鳥獣図誌』（八坂書房、一九九二年）所収の『唐蘭船持渡鳥獣之図』「鳥之図」の渡来年、和名、主産地の一覧表によれば、絵図は八十四図で、渡来年は寛延二年（一七四九）から嘉永五年（一八五二）まで、唐船《とうせん》と明示されたものが三十七図、蘭船《らんせん》と明示されたものが二十八図、不明が十九図、主産地は東北アジア、東アジア、東南アジア、南アジア、北米、中米、南米、オーストラリア、ニューギニア、アフリカに及んでおり、環太平洋地域を中心にその周辺部までが一つの珍獣奇鳥流通圏に含まれていたことがわかる。おそらくは日本産の鳥獣も同様のルートを通じて世界各地に送り出されていたと推定される。江戸時代、長崎はこうした世界的な鳥獣の流通圏の一部として機能していたのである。

では、日本において、輸入された鳥獣の行き先はどこであったのか。一つは、見世物《みせもの》▲である。珍鳥を見世物とした例としては、寛文年間（一六六一―七三）に描かれた『江戸堺町葺屋町小芝居絵巻《えどさかいまちふきやまちこしばいえまき》』に孔雀《くじゃく》を見世物としている光景が描かれているのが最古のもので、延宝三年（一六七五）刊『蘆分船《あしわけぶね》』大坂道頓堀《どうとんぼり》見世物の条には「孔雀鸚鵡《あうむ》に種々の唐鳥《からとり》」とある。唐鳥は舶来の小鳥の総称である。天和二年（一六八二）作『天和笑委集《てんなしょういしゅう》』堺町見世物小芝居の条には「物こそ云はね人間まさり、孔雀の曲舞《くせまひ》、鸚鵡の口真似、鶴の一飛び、常ならぬ芸長崎とも云ひつべし、皆人見給へ第一の見物、しかも代物安うて優しくもいたいけなる芸ぶり」とあり、曲芸もさせていたようである。こうした珍鳥の見世物はやがて専門の小屋を出現させるまでになった。寛政年間（一七八九―一八〇一）には、江戸の浅草《あさくさ》と両国《りょうごく》に孔雀茶屋が現れ、大坂の下寺町《したでらまち》と名古屋の末広町《すえひろちょう》に孔雀茶屋が開場した。江戸の孔雀茶屋は好評を博し、化政年間（一八〇四―三〇）には、花鳥茶屋《かちょうぢゃや》と改称して規模を拡大させている。『世の中のくさくさ記』には山下《やました》花鳥茶屋を描写して次のように述べる。「サア入《い》ラしつて御覧なさい、代はお帰り僅十六文、阿蘭陀《オランダ》渡り唐《から》渡り、赤いが錦鶏《キンケイ》白いが白鷴《ハツカン》、孔雀《クジヤク》がゐる鶴《ツル》がゐる、朝鮮から

見世物　見世物については、朝倉無声『見世物研究』（ちくま学芸文庫、二〇〇二年）による。

渡つたバリケン鳥、キラカン、山鳥《ヤマドリ》、高麗《コウライ》雉子《キジ》、金鳩《キンバト》がゐる銀鳩《ギンバト》がゐる、百人一首の和歌の内に出たる鵲《カササギ》の鳥、蝦夷《えぞ》が島から渡った大鷲《ワシ》」。

図29　『唐蘭船持渡鳥獣之図』「錦鳩（リュウキュウキンバト）」

ヒクイドリの渡来

『唐蘭船持渡鳥獣之図』は、江戸幕府への報告書の控《ひかえ》であるから、江戸幕府が輸入鳥獣の購入者であったことは間違いないが、江戸幕府以外に、諸国の大名達が実は珍鳥の購入者であった。『鳥賞案子《ちょうしょうあんし》』の次の記事からは、薩摩藩が「駝鳥」（ヒクイドリ▲）を購入したことが分かる。「此鳥日本へ紅毛国より三羽相渡り、天明年中［一七八一—八九］に、長崎へ持渡りしが薩州へ廻る」。また、『唐蘭船持渡鳥獣之図』鳥之図三十五番「錦鳩（リュウキュウキンバト）」図（図29）には、朱書きで「文化十一戌年阿蘭陀船より持渡候付御用御飼ニ相成候積之処、琉球国ニも錦鳩と申鳩有之、京大坂ニハ飼置候者も有之哉ニ相聞候間、琉球錦鳩之様子薩州蔵屋敷へ問

ヒクイドリ　ヒクイドリ目ヒクイドリ科の鳥類。インドネシア、ニューギニア、オーストラリア北東部に生息する飛べない鳥。江戸時代の文献では「駝鳥」に誤認されている。エミュー、ダチョウに次ぐ大型鳥類。

合候処、錦鳩之絵図発越候ニ付、持渡錦鳩と引合見競候処、羽色其外共凡同様ニ相見へ珍敷鳥と申ニも無之候間、御飼ニ不相成候事（文化十一年（一八一四）にオランダ船によって輸入され、幕府での飼育になる予定であったが、琉球国にも錦鳩という鳩がおり、京や大坂では飼育する者もあると聞いたので、琉球錦鳩の姿を薩州蔵屋敷へ問い合わせたところ、錦鳩の絵図を送付されたので、輸入された錦鳩と引き合わせてみたところ、羽の色やその外の特徴が全て同様に見え、珍しい鳥とは言えないので、幕府での飼育とはならなかった）」、同三十六番「琉球国　錦鳩」図には朱書きで「薩州蔵屋敷より差越候琉球錦鳩絵図之写」、同三十七番「琉球国　尺八鳩《シャクハチバト》（ズアカアオバト）ノ図」には朱書きで「薩州蔵屋敷より発越候」と記されている。長崎の薩摩藩蔵屋敷には、鳥の絵図が揃えられ、到来した鳥類は絵図と照らし合わせて購入の可否が決せられていたのであろう。

　幕府や大名の珍鳥購入の背景には、趣味としての「飼鳥《かいどり》」があった。肥後《ひご》八代《やつしろ》藩主細川重賢には次のような逸話（高本紫溟《たかもとしめい》『銀台遺事《ぎんだいいじ》』三）がある。細川重賢は、物産を知ることを好み、鳥獣草木で、少しでも様子の異なったものは、絵に描かせ、部類分けしたものが数十巻にもなったという。しかし、この趣味で浪費することはなかった。鳥を数多く飼っていたが、知人の大名から高価な鳥カゴを贈られても、自分では使用せず、必要な人に与えていた。鳥を飼い、草木を植えて、それを見ることを好むので、カゴや鉢には興味がないとつねに言っていた。

大名ばかりでなく、庶民の間でも飼鳥《かい》を趣味とするものは多かったようで、飼鳥屋《どりや》という専門に鳥を商う商店が存在し、『諸問屋名前帳《しょとんやなまえちょう》』によれば、幕末期江戸には四十余軒あったという。また、『鳥賞案子』に記す次の逸話は、大都市江戸ばかりでなく、鹿児島の地においても飼鳥を趣味とするものの存在したことを教えてくれる。

薩摩の上之行屋町（上之《うえの》加治屋町《かじやまち》の誤りか）というところに、有馬太兵衛《ありまたへえ》という鳥ずきがいた。畳職人で子供が多く、暮らし向きは苦しかったが、家中に鳥を並べおき、鳥カゴで身の置き場もないほどであった。ちょうど、明和年間（一七六四―七二）、町家で大鶏、シャム、あるいは蜀鶏《トウマル》の類を飼うものがいた。有馬太兵衛も飼いたいと望んだが、貧乏で手に入れることができなかった。その時、筑前（現・福岡県北西部）よりシャム鶏の良いものが薩摩に入った。有馬太兵衛は、渇望したが、値段が高く、入手は難しかった。子供のうち、二男坊を奉公に出し、その給金を当ててシャム鶏を買い求めて秘蔵した。世間では、子に替えての数寄というは、まさしくこの有馬太兵衛に他ならないであろうかと言われた。後に隠居して別宅に住み、一生、鳥と物語りをして、七十余歳で死んだ。鳥と物語りすることはないが、飼鳥がよく鳴いた時は、よく鳴いたとほめ、少し餌を食べないと、気に入らぬかと、独り言を言って餌を作り直し、鳥のそばで独り言を言って暮らしたために、鳥と物語りすると言われたのだろうか。

こうした庶民まで広がった飼鳥ブームに対応して、鳥の飼い方を述べた養禽書《ようきんしょ》が出版されてくる。著名なものとして宝永七年（一七一〇）刊『呼子鳥《よぶこどり》』、享保二年（一七一七）成立『諸禽万益集《しょきんまんえきしゅう》』、宝暦八年（一七五八）刊『鸚哥譜《おうかふ》』、宝暦八年刊『奇観名話《きかんめいわ》』、安永二年（一七七三）刊、城西山人『百千鳥《ももちどり》』、享和二年（一八〇二）成立、比野勘六《ひのかんろく》『鳥賞案子《ちょうしょうあんし》』、文化五年（一八〇八）序『飼籠鳥《かいこどり》』がある。

鳥の飼い方ハンドブック――『鳥賞案子』

『鳥賞案子』三巻は、薩摩藩の御鳥方《おとりかた》であった比野勘六重行《しげゆき》によって著された養禽書である。刊行はされなかったが、江戸時代屈指の内容を誇る養禽書であり、写本の数はきわめて多い。現在、二十五点の写本が判明している。書名についての異名も多く、『鳥賞案子』の他、『養禽物語』『養禽案子』『鳥養草《とりやしないぐさ》』『小鳥飼伝書』『鳥はかせ』『飼鳥必用《かいとりひつよう》』などがある。三巻は上巻「飼方《かいかた》餌付方《えづけかた》部」、中巻

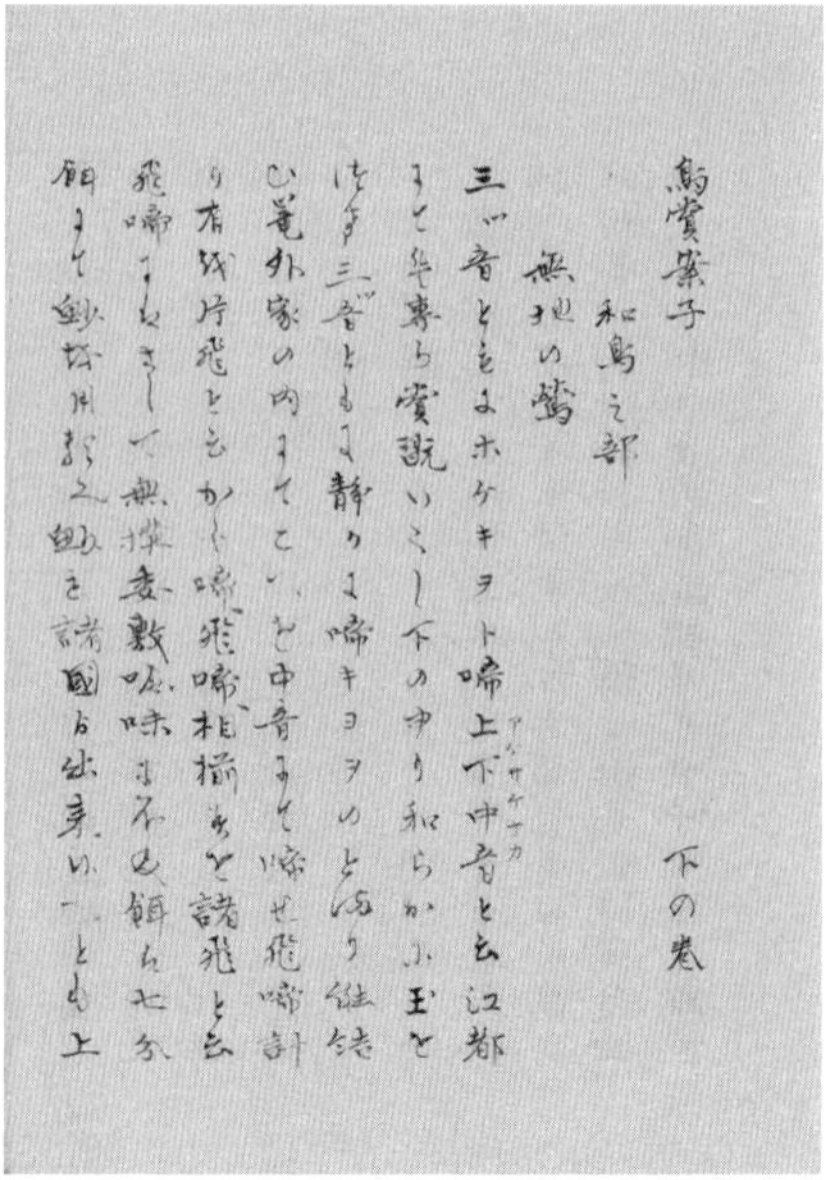

図30　『鳥賞案子』下巻巻頭

「唐紅毛渡鳥集《からこうもうわたりどりしゅう》」、下巻「和鳥《わちょう》之部」（図30）に分かれ、順序は写本によって異同がある。「飼方餌付方部」末尾に付された比野勘六の享和二年十月跋文には次のように言う。

　私は幼少より鳥すきで、親の仕事にも適応できず、ただ鳥ばかりを寵愛した。そのため、ついに仕事としてさまざまな鳥を飼育することを手がけるようになった。しかし、仕事であるため、自由に庭先に置いた鳥かごで鳥を繁殖させることもできなかった。なんとか自由に手がけることができないかと考えていた折、薩摩藩主島津重豪公が大の鳥数寄《とりすき》で、私を召し抱えてくださった。それ以降、こころよくさまざまな鳥を飼育し、唐鳥（異国産の鳥）の繁殖を自由に手がけた。数年、鳥を飼うことで会得した育て方、病気の鳥には、他の鳥と区別して薬を与え、飛ぶ工夫をしたこと、繁殖飼育方法の適切な措置を、数年間かけて見定め、世の中の鳥数寄の人のためになるように、飼育法、養育方、病気の時の取り扱いを書き記した。私は鳥数寄で、三ケ《さんが》津《つ》［京、江戸、大坂］はもちろん諸国を回って、鳥飼いの人々と鳥の飼育について話をし、長崎においても、とりわけ、鳥の飼い方、病鳥の扱い方、そのほか飼育方法までもよく学習したことは、島津重豪公の御蔭であると思っている。なかなか、低い身分の者では、数多く諸鳥を手がけることは困難であるが、まことに鳥すきには、鳥の飼育を容易いと思う人もいるようであるが、鳥の飼育ほど至って難しいものはない。これまで、世の中で有名な鳥飼いもおられたが、優れた人は皆亡くなり、残された書物も全くない。ただし、鷹の飼育書は世にあるが、飼鳥の書は一切見られない。というわけで、私が記憶していることを、残らずここに書き記すのである。

比野勘六跋文からは、幼少の頃より鳥数寄であった比野勘六が、島津重豪の恩顧によって薩摩藩に召し抱えられ、専門的に鳥の飼育研究に当たったこと、三ヶ津はもちろん諸国に出向き、鳥の飼育を行う人々から情報を入手し、長崎にても、さまざまな鳥の飼い方、巣の作り方、育て方を学んだこと、鷹に関する書物は存在したが、飼鳥の専門書がないのでこの書を著すことにしたことが分かる。

杏雨書屋《きょううしょおく》所蔵『鳥養草』によれば、「唐紅毛渡鳥集」には百五種、「和鳥部」には百八十四種の鳥名が示されている。説明は一つの種について「孔雀」のように一千字を超える長大なものから、「ひよどり」のように二十字程度の短い記述までさまざまである。また、図を伴うものが、「唐紅毛渡鳥集」に「駝鳥」「コロヲンボウゴロ」「ヤアルボウゴロ」「紅羅雲」四種、「和鳥部」に「一足鳥」一種存在する。以下、薩摩に関連する記述を示す（杏雨書屋所蔵『鳥養草』による）。

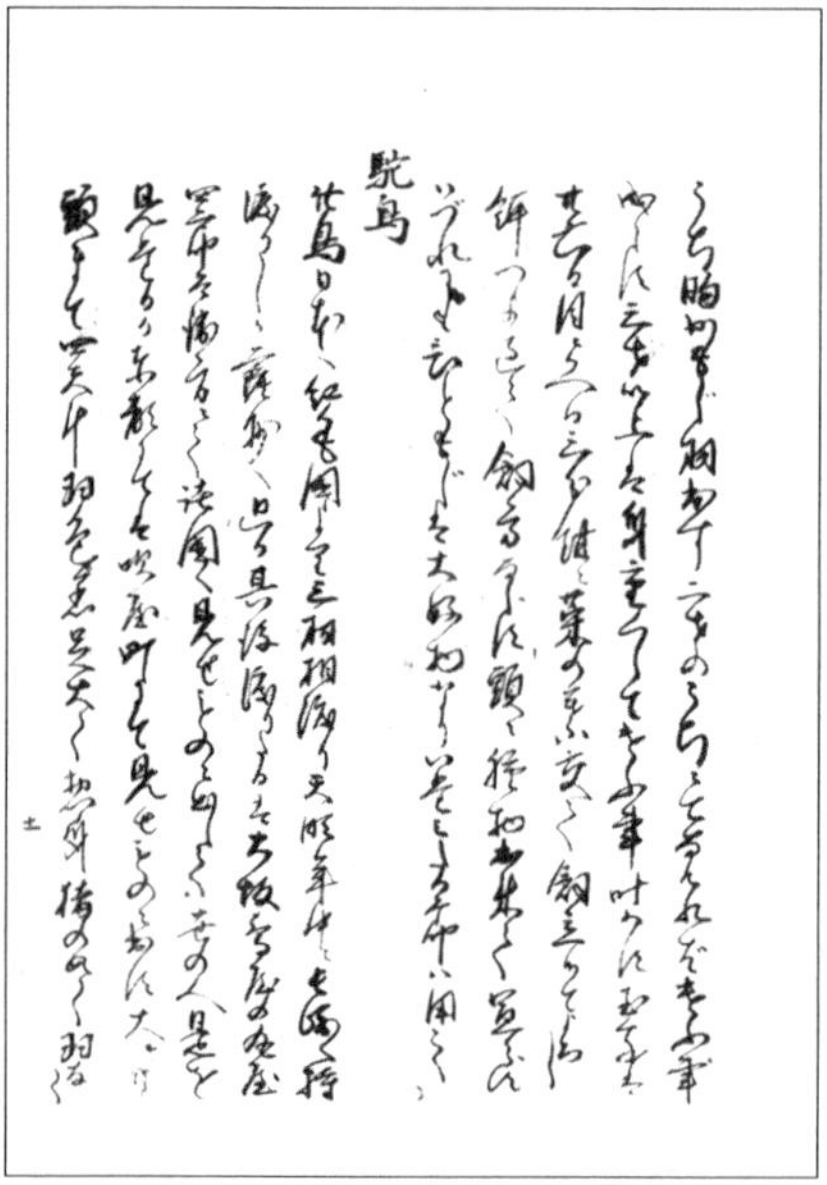

駝鳥（図31）

此鳥、日本へ紅毛国より三羽相渡り、天明年中ニ、長崎へ持渡りしか薩州へ廻る。其後渡りたるは大坂鳥屋の丸屋四郎兵衛方ニて、諸国へ見世ものニ出して、世の人是を見たかり、東都にては吹屋町にて見世ものニ出す。大キサ頭まて四尺斗、羽色黒、足大く、総身猪の如く、羽なく、烏骨鶏の羽のことく皆毛と見へ、行幸馬のかける如く、かつて啼声なし。かけるせつ、うない声あり。喰物何ニかきらす、人よりあたへさへすれは、丸石木の実にてもたべ申鳥なり。尤せうにて糞共ニ落る。平生めしからいもるい餌飼いたし、日々弐升かい方なり。暖国鳥にて寒サをきらい、塒藁囲ニて、臥処も藁を沢山ニ入、其内に留置なり、大坂にては塒のせつ内に大鳩数多籠ニ入、両方へつミ置、其間へ寝さすなり、寒

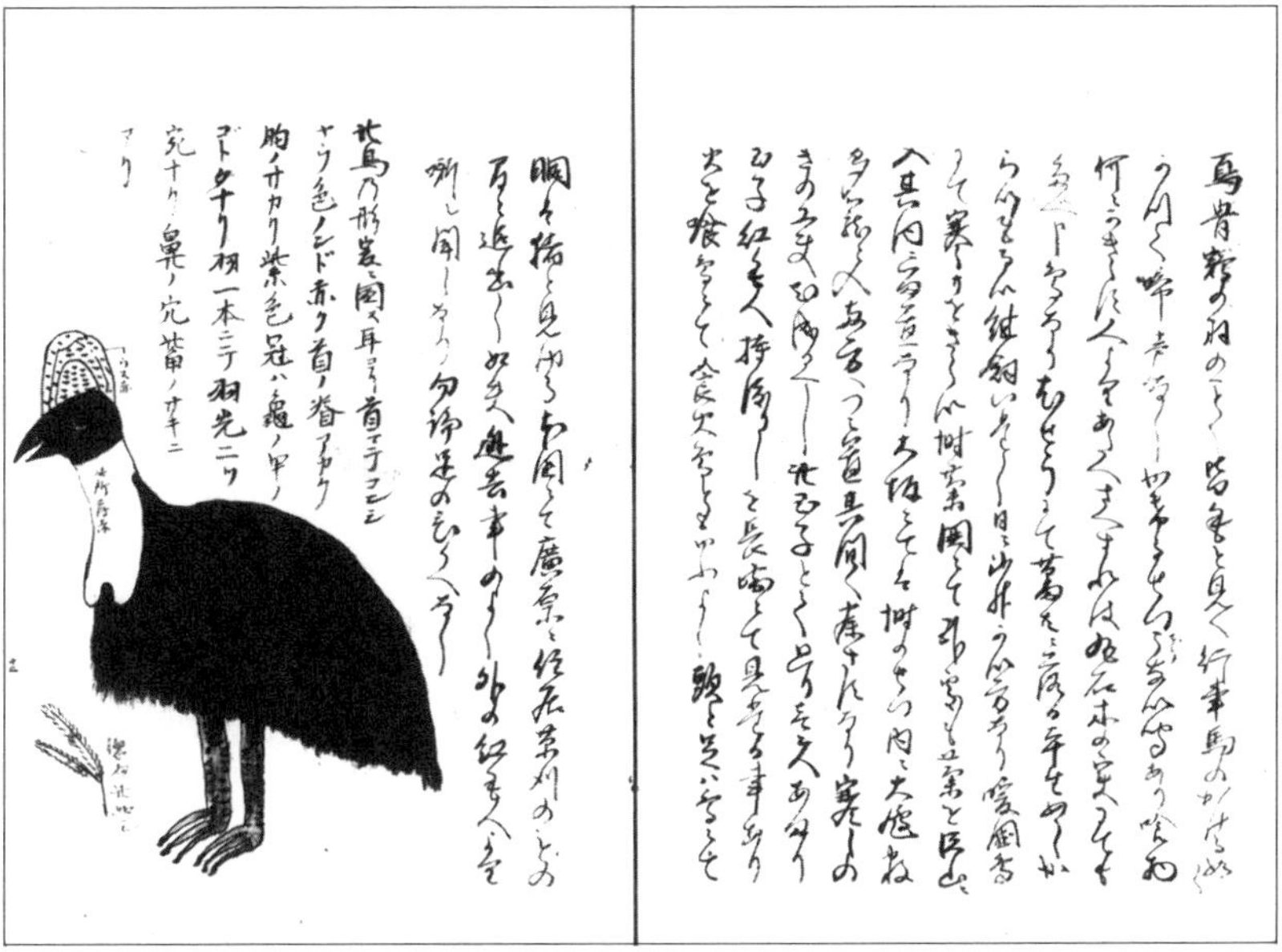

図31　『鳥養草』巻一・唐紅毛渡鳥集「駝鳥」

しのきの工夫尤も成るへし、此玉子とて、廻り壱尺あまり玉子、紅毛人持渡りしを、長崎ニて見たる事あり、火を喰鳥にて食火鳥ともいふよし、頭と足ハ鳥ニて、胴は猪と見ゆる、本国ニて広原ニ住居、草刈のもの間々追出し、如矢逃去事のよく外の紅毛人より噺し聞しなり、勿論足のひかへなし。

（この鳥、日本へオランダより三羽もたらされた。天明年間（一七八一―八九）に、長崎へもたらされたのが薩摩へ移された。その後、大坂の鳥屋である丸屋四郎兵衛のところに移され、諸国へ見世物として回された。世間の人はこの鳥を見たがり、江戸では吹屋《ふきや》町で見世物に出された。大きさは、頭まで四尺ばかり、羽色は黒く、足は太く、全身はイノシシのようで、羽はない。烏骨鶏《ウコッケイ》の羽のようにすべて毛に見える。行幸の馬の走るように、全く鳴き声を出さない。走るときは唸り声を出す。食べ物は、何でも人が与えさえすれば、丸石、木の実でも食べる鳥である。もっとも、そのまま糞と共に排泄される。普段は、コメ、サツマイモの類を餌として飼育し、毎日二升与えるのが飼育法である。暖かい国の鳥で寒さをきらい、鳥小屋をわらで囲んで、寝床もわらをたくさん入れて、その中で飼育する。大坂では、鳥小屋の区画の中に大きなハトを多数籠に入れて、両側に置き、その間に休ませる。寒さしのぎの工夫で、もっともなことである。卵は、周囲が一尺あまりで、オランダ人が持参したのを、長崎で見たことがある。火を食う鳥で、食火鳥とも言うそうである。頭と足は鳥で、胴はイノシシと見える。本国では、広い草原に住み、草刈りする人が時々追い出し、矢のごとく逃げさると、よくオランダ人より話を聞いた。もちろん、足に蹴爪《けづめ》はない。）

鳥名辞典――『鳥名便覧』

『鳥名便覧《ちょうめいべんらん》』一巻は、薩摩第八代藩主島津重豪自身の編纂になる鳥名辞典である。文政十三年（一八三〇）に江戸で刊行された。巻頭に付された島津重豪の自序（漢文）には次のように言う。

「養生の法は、心を世俗の外に遊ばせて日々を過ごすことを要諦とする。私は常に書画文房、古器金石、草木を楽しんだ。（中略）鳥については、年少の頃より、西洋異域、和漢の鳥を愛玩した。毎年、卵を産むと自ら飼育し、成長すれば羽毛が新しいものに生《は》え変わり、彩豊かであったり、あるいは、すでに飼いならした囮《おとり》の鳥の真似をして、美しい鳴き声を響かせることは、なんと楽しいことではないか。私はその昔、白髪頭になった時、いよいよ、こうした養生の法について詳しくなり、春や秋には、さまざまな鳥の鳴き声、彩りを楽しみ、一日の長さを忘れるほどであった。現在、八十歳を過ぎて、ますます飽きることがなくなった。（中略）年を経て、音をよく聞き分けた古代の楽師である師曠《しこう》の精妙さには及ばないが、私は、鳥の性質をよく知って、その種類を見分けることができる。それゆえに、その真の姿を絵にうつしとり、画帳に編纂して、暇なおりの閲覧に備えるのである。いま、多くの鳥が棚の上と鳥かごに満ちている。朝夕、和漢の呼び名の当否を正し、残りの人生を楽しむのである。この頃、側仕えの誰それに私の記憶していることを書きとらせ、ついに一冊の書物となった。題名を「鳥名便覧」という。すべての種類を尽くしているとは言えないが、鳥好きの手遊びの書物となすに足りるであろうか。文政十三年。庚寅孟春《こういんもうしゅん》月。南山老人蓬山隠館《ほうざんいんかん》に識す」。

　南山老人は島津重豪の号で、蓬山隠館は、高輪《たかなわ》の隠居所を指す。重豪にとって鳥を飼い、その鳴き声を聞くことは、養生の一方法であった。そうしたなかで蓄えられた知識及び作成された図譜に基づき、中国、日本の鳥の呼び名の誤りを正し、整理を行ったものを、臣下の協力を得て書物としたのが『鳥名便覧』である。『鳥名便覧』では、鳥名は、和語と西洋語の場合、片仮名で、中国名のみ漢字で記述され、正品として百五十一種の鳥名があいうえお順に並べられ、和名、俗名、方言、中国における雅名等の順で記述が続く。また、それぞれ正品に附属する形で、属品二百五十四種の鳥名が記述され、合計四百十五種（巻末に「正属通計四百十五品」と記す）の鳥名が収められている。ただし、鳧《カモ》、雁《ガン》、鳩《ハト》、鶏《ニワトリ》の属は種類が多いのですべてを載せていないこと、鷹《タカ》類もその飼養の歴史が長く、種類が多いので略したことを凡例に述べる。巻末に「臣曾槃謹校」とあることから、島津重豪の側近くに仕え、医師であり本草学者・博物学者であった曾槃《そうはん》の全面的協力のもとになったものであることがわかる。

曾槃の『仰望節録《ぎょうぼうせつろく》』▲上巻「鳥名便覧鏤版《るばん》」には、現代語訳すると「文政十三年（一八三〇）に、島津重豪公は以前より我が国や外国のさまざまな鳥を愛されて、棚いっぱいに集められ、コウノトリ、ツル、カモ、ガンの類は、池沼や鳥かごに群をなす状態であった。近頃、暗記されていた鳥の名前を、近臣等に書き綴らせ、『鳥名便覧』と名付け、出版されたことは、島津重豪公の序文に詳細に述べられている」と述べた後、島津重豪の序文を引用し、続けて次のように言う。「わた

『仰望節録』　曾槃の著作。島津重豪に永年仕えたものとして、彼の事跡をその文化的事業を中心として記述したもの。

くし曾槃は、個人的に『鳥名拾遺』を著述した。五十音順に排列し、鳥の種族は全部で一百二十余名となった。将来、島津重豪公の命令を待って出版することになるだろう」。『鳥名拾遺』については未詳であるが、『鳥名便覧』の刊行以前から、曾槃自身、経書等に見える鳥名についての考証学的研究を進めていた。現在、国会図書館には文化十一年（一八一四）の自序を有する曾槃『占春斎禽識《せんしゅんさいきんしき》』四巻が所蔵されている。鳥類をその生息場所によって四種に分類し、巻一・水禽《すいきん》、巻二・原禽《げんきん》、巻三・林禽《りんきん》、巻四・山禽《さんきん》の順に漢文体で叙述されている。『鳥名便覧』に収められた鳥名のさまざまな文献を利用した考証は、この『占春斎禽識』に基づくものが多く、『鳥名便覧』の成立には曾槃の大きな働きがあったことが推測される。また、『鳥名便覧』中には、「栗本澹洲《くりもとたんしゅう》云」「澹洲云」という記述が多く、『鳥名便覧』跋文の作者である幕府の医官栗本昌蔵《しょうぞう》、号丹洲▲の協力もあったことが分かる。

栗本丹洲　一七五六—一八三四年。江戸の医師、本草学者。田村藍水の次男で、幕府の医官栗本昌友の養子となった。著書に、日本で最初の昆虫図説『千虫譜』がある。

図32は『鳥名便覧』の巻頭部分である。

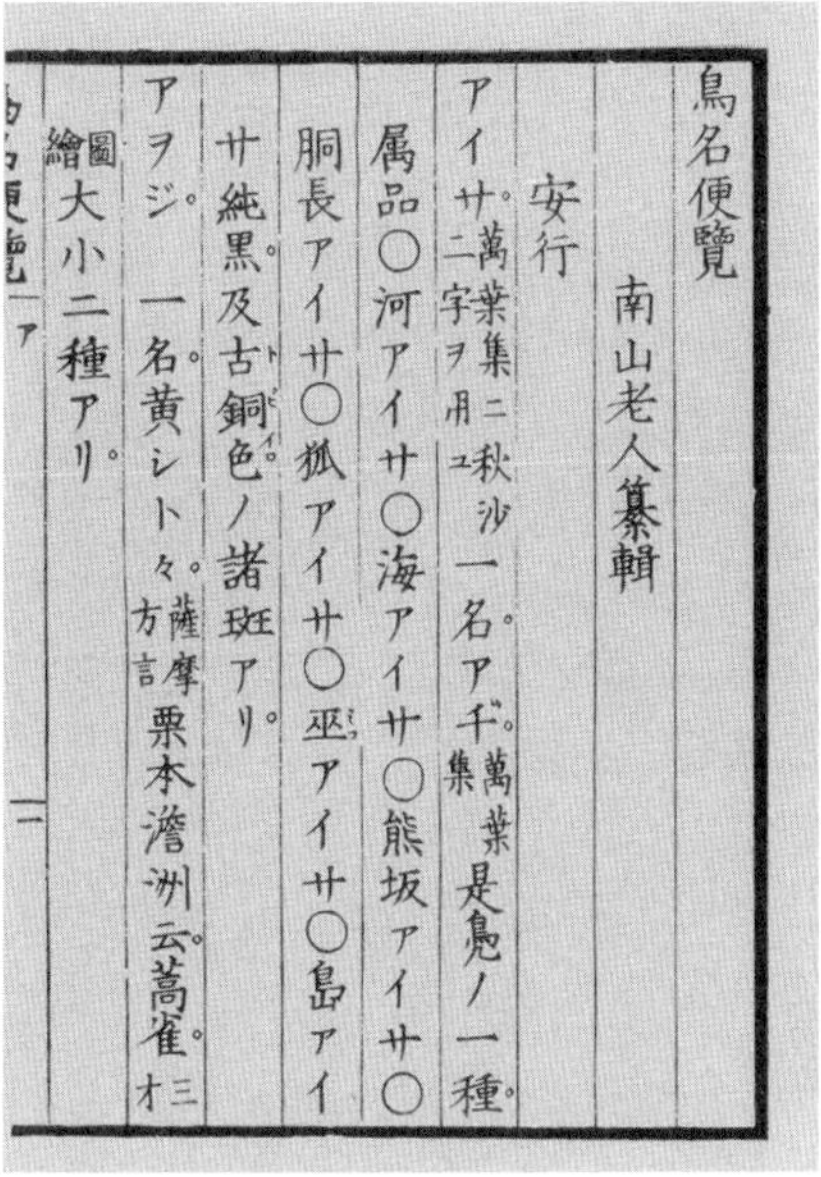
鳥名便覧
南山老人纂輯
安行
アイサ 萬葉集ニ秋沙一名アヂ。萬葉集 アイサ二字ヲ用ユ 是鳧ノ一種
属品○河アイサ○海アイサ○熊坂アイサ○胴長アイサ○狐アイサ○巫アイサ○島アイサ 純黒及古銅色ノ諸斑アリ。
アヲジ。一名黄シトヽ。薩摩方言 栗本澹洲云蒿雀。三才図絵 大小二種アリ。

図32　『鳥名便覧』巻頭

『鳥名便覧』が参考とした図書は、書名のみから判断すると以下のとおりである。あるいは孫引きもありうる。日本のものでは、『万葉集』『和名抄《わみょうしょう》』『和漢三才図会』

『日本書紀』『古事記』『大和物語』『古今和歌集』『華夷通商考』『赤蝦夷風説考《あかえぞふうせつこう》』『輶軒小録《ゆうけんしょうろく》』。中国のものでは、儒教の古典である『詩経』小雅《しょうが》、『礼《らい》記《き》』曲礼《きょくらい》、『爾雅《じが》』『爾雅注《じがちゅう》』、地方志の『盛京通《せいけいつう》志《し》』『台湾志』『八閩通志《はちびん》』『閩書《びんしょ》』『雲南通志《うんなん》』『鎮《ちん》江府《こうふ》志《し》』『衡岳志《こうがくし》』『広東新語《かんとんしんご》』、世界地理書である清・南懐仁（フェルビースト）『坤輿図説《こんよずせつ》』『坤輿外《こんよがい》紀《き》』、本草書である『本草経』、明・李時珍『本草綱目』、類書の『物類相感志《ぶつるいそうかんし》』『山堂肆考《さんどうしこう》』、辞書の梁・顧野王《こやおう》『玉篇《ぎょくへん》』、『方言』注、『正字通《せいじつう》』『清文《しんぶん》鑑《かん》』、その他、明・鑞績《るせき》『霏雪録《ひせつろく》』、清・陳淏子《ちんこうし》『花《か》鏡《きょう》』、『南華真経《なんげしんきょう》』（『荘子』）、『漢書《かんじょ》』注、『史記』注、『百鳥譜《ひやくちょうふ》』を参考としている。

『百鳥譜』

特に『百鳥譜』は、引用書目中唯一の鳥類図譜であり、『鳥名便覧』凡例に「康熙《こうき》百鳥譜に、載たる名称は、多は満州語にて、唐宋の書に載たる正名と異なり」とあるものである。『百鳥譜』に関する記事は、『鳥名便覧』に十五ヶ所出てくる。例えば、ウズラの属品に「南牛鶴、百鳥譜、南牛は地名なるべし」（図33）、カモの属品に「花ガモ、漢名冠鴨、一名琵琶鴨、又鴛鴦鴨、以上、百鳥譜」。カラスの属品に「山ガラス、澹洲云、漢名、緑山鳥、百鳥譜」などである。

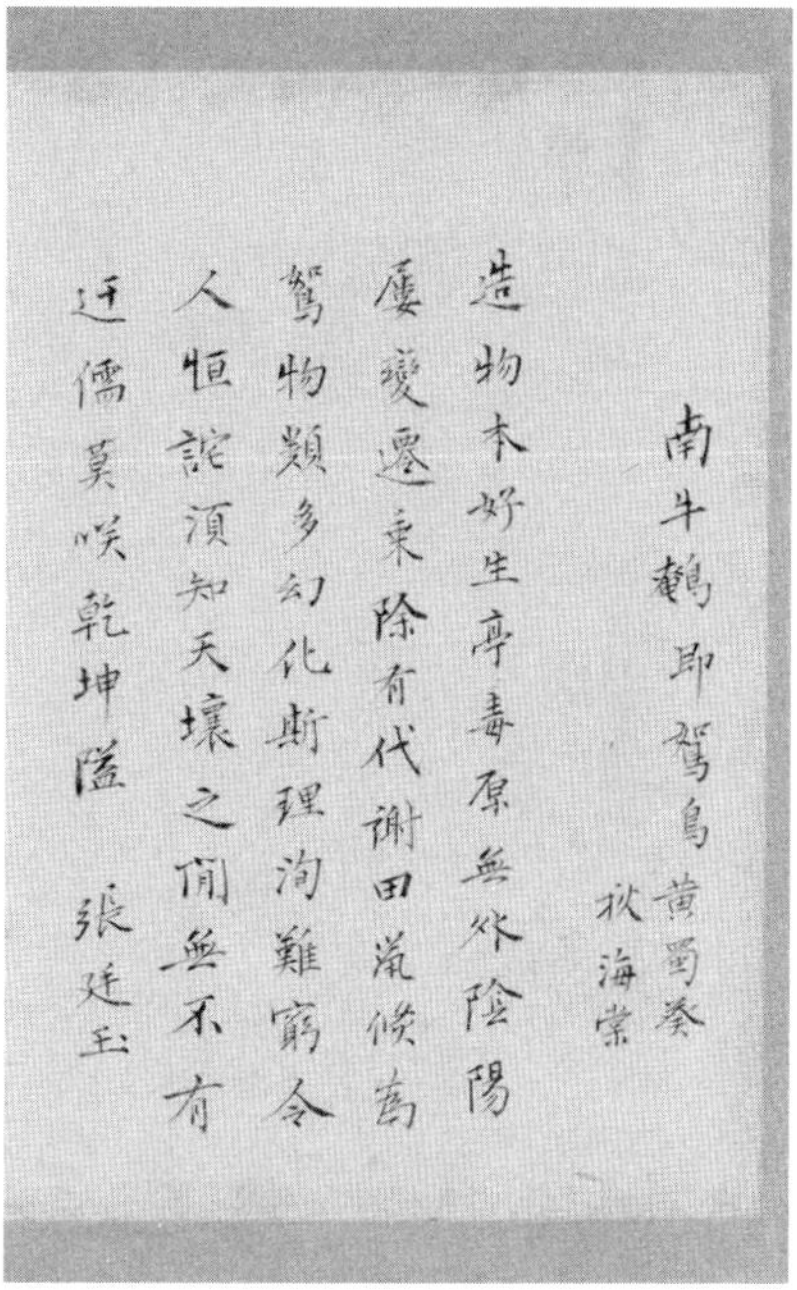

図33 『百花鳥図』「南牛鶴」

『百鳥譜』は、現在国会図書館に所蔵されている清・余省《よせい》（曾三《そうさん》）画、清・張廷玉《ちょうていぎょく》、清・鄂爾泰《オルタイ》詩、清・馬斉《ばせい》冊額『百花鳥図』二帖（写本）を指すと推定される（図33）。余省によって描かれた百枚の花に鳥を配した彩色画譜に張廷玉、鄂爾泰の二人が画題詩を作成したものである。三名の清朝高官張廷玉、鄂爾泰、馬斉の官職名から、雍正《ようせい》十一年（一七三三）六月から雍正十三年九月までに作成されたものと分かる。『百花鳥図』には、巻頭に清・沈《しん》丙《へい》の「百鳥図文体記」「百鳥図騒体賦」、巻末に「百鳥図駢体跋」が付されている。沈丙は、字燈煒《とうい》、号燮庵《しょうあん》、浙江杭州府仁和の人である。雍正五年（享保十二年）十二月九日、五十五歳の歳に貢生（科挙の受験資格を有する者）であった沈丙は、貿易船に同乗し長崎に来航する。足掛け五年間日本に在留の後、雍正九年（享保十六年）四月十一日の船で長崎を出航、帰国する。帰国後すぐに、日本人に『大清会典《だいしんかいてん》』▲を教えたことで、再渡航禁止となる。五年後の乾隆元年（享保二十一年）再来日する。この時、幕府より依頼された刑部尚書勵廷儀《れいていぎ》の『唐律疏義《とうりつそぎ》』▲の序文をもたらす。『百花鳥図』が日本にもたらされたのはおそらくこの時であろう。

『禽品 薩州』

『鳥名便覧』の凡例に「水原山林、諸鳥の形状は、図譜に真写あれば、斯に記せず」とあることから、『鳥名便覧』には、それに対応する図譜の存在したことが分かる。薩摩藩に関係する鳥類図譜は、現在、国立国会図書館所蔵『薩摩鳥類図巻』、山階鳥類研究所所蔵『鳥類魚類之画』、岩瀬文庫所蔵『禽品《きんぴん》 薩州《さつしゅう》』の三図譜が知られているが、それぞれ、鳥類について九十九、二十五、百六十九の図を収める。『鳥名便覧』の正品見出し語が、百五十一種であることから、対応する図譜としては岩瀬文庫所蔵『禽品 薩州』が一番可能性が高い。

岩瀬文庫所蔵『禽品 薩州』は、その目録に著者として山本読書室の名を挙げる。山本読書室とは、山本亡羊《ぼうよう》（一七七八—一八五九）、本姓多々良《たたら》、名世孺《せいじゅ》、字

『大清会典』 中国・清朝で編纂された総合法典。清代の制度、典礼を集めたもの。

『唐律疏義』 唐代の律（刑法）の注釈書。

仲直《ちゅうちょく》、通称本三郎、永吉、号亡羊、読書室を指す。幕末期、京都の医者、本草学者で、小野蘭山《おのらんざん》に本草学を学び、有用植物を栽培、物産会を開催し、本草学を研究した。『禽品 薩州』四帖は、第一帖二十八品、第二帖六十六品、第三帖三十九品、第四帖三十六品の鳥の彩色図を有し、各帖巻頭の目録部分に漢字カナまじりの鳥名を記し、図譜内では、各図ごとに鳥名を漢字のみで万葉仮名風に記し、それに続けて「薩」と記し、さらにその雌雄を記す。たとえば、第一帖巻頭の図譜についてみると、目録部分では「ヲランダハト」と記述、図譜には「阿蘭陀法禿 薩 雌」と記す。外国産の鳥類の図譜も多く、「薩」は元図が薩摩藩のものであることを言うのであろう。第四帖には「朝鮮槊梨 薩州方言 謨奈苦魯折己列以 薩」という図もあり、元図が薩摩藩のものであった可能性はきわめて高い。図譜中、鳥名の前に書名を記載するものがいくつかある。第一帖では、「続修台湾府志 金鳩 錦鳩 尼尸己法禿 薩」「台湾府志 番鴨 尸魯法梨槊謨 薩」「本草 突厥雀 奈太烏尸奈以 薩」「本艸 鸕鴣 雄 薩」「坤輿外紀 無対鳥 薩 フウテウ 縮図」。第二帖では、「潜確類書 寿帯鳥 薩」「三才図会 比翼鳥 薩」「臨清州志 百霊 薩」「格致鏡原 報春鳥 薩」。第三帖では、「本艸 慈烏 索禿楷頼思 薩」「本艸 鴉 夫禿法尸楷頼思 薩」「潜確類書 燕烏 哥苦埋楷頼思 薩」「本艸 鶚 眉索哥 睢鳩 薩」「本草綱目 山鵲 薩」。第四帖では、「皇宋類苑　白雁　雌　薩」。これらを『鳥名便覧』に比較すると、『鳥名便覧』にない書名も多く、結論を出すことはできない。あるいは鳥名については、山本亡羊による増補の可能性も否定できない。

『薩摩鳥類図巻』

国立国会図書館所蔵『薩摩鳥類図巻』は、幕末・明治の著名な本草学者伊藤圭介《いとうけいすけ》の所蔵に係る鳥類図譜である。一巻の巻物で九十九羽七十五種の外国産日本産鳥類が描かれている。『薩摩鳥類図巻』には外国産の鳥類が二十三種、日本産の鳥類が五十二種描かれているが、こうした江戸期の博物図譜については、オリジナルか、写しかという問題点が存在する。すなわち、実物を前にして描かれたオリジナルの図譜か、既存の図譜を写したものかという点である。『薩摩鳥類図巻』についても、「すべて明らかな模写で、色が実物よりはるかに派手だし、形も実物とかなり異なる絵が少なくないなど、やや花鳥画風。［中略］そのうち一点が『外国産鳥之図』の瓜二つ絵である」（磯野直秀・内田康夫「『唐蘭船持渡鳥獣之図』の研究」『慶應義塾大学日吉紀要　言語・文化・コミュニケーション』七号、一九九〇年）と指摘される。『外国産鳥之図』は、現在国立国会図書館に所蔵されている一軸三十九点の図譜で、前述の『唐蘭船持渡鳥獣之図』と同じく長崎の外国産物を所管する部門から幕府に報告された絵図であると推定されている。年代は十八世紀前半が主となる。指摘された十一点は、『外国産鳥之図』の「尾長雉子　雄（オナガキジ）」「尾長雉子　雌（オナガキジ）」「マルテンチイ（ソデグロムクドリ）」「叫天子（カンムリヒバリ）」「黄鵐鳥」「咬𠺕吧鶉　雄（ヒメウズラ）」「咬𠺕吧鶉　雌（ヒメウズラ）」「蠟嘴鳥（コイカル）」「ピイチイ（コシジロヒヨドリ）」「サラタ鳩（クジャクバト）」「百伶鳥（ヒバリ）」である。

　こうした絵図は如何にして描かれたのか。島津重豪に親しく仕えた博物学者曾槃の『仰望節録』附余・存真図譜には、「島津重豪公は、若い頃より各地の名産を好まれ、五穀・蔬菜・花草・樹竹・鳥類・動物・昆虫・魚介類について、それぞれ彩色写生図を描かせることが、もう数十年続き、今、それらすべてが図譜として、倉に満ちている」という。また、『仰望節録』附余・「再図叢を記す」には「島津重豪公は、以前からさまざまな動植物の写生図を収集され、中国、オランダの書物や画帳がうずたかく積み重なり、書架に溢れる状態であった。四方八方各地の産物が一時に集まり、秋の木の葉をかき集め積みあげたようであった。それを数人の画家に模写させた。朝の八時から夕方四時まで間断なく模写をさせ、十二年の間に、さまざまな動植物の大きな図譜がことごとく完成した。清・鄂爾《オル》泰《タイ》『授時通考』中の「穀譜」、清・王槩《おうがい》『芥子《かいし》園画《えんが》伝《でん》』もこれを超えることがで

図34　『薩摩鳥類図巻』「鵤替」

きない。観覧された諸大名方が宣伝して、好事家の知るところとなった。これは暇つぶしの遊びであるが、一種の宝物となった」という。前述の肥後八代藩主細川重賢と同じように、当時の大名趣味の一つとしてさまざまな図譜の収集と模写が盛んに行われていたことが分かる。『薩摩鳥類図巻』や『禽品　薩州』もこうした図譜の一つであったと推定される。

これら図譜に描かれたすべての鳥が単なる他の図譜の写しであったわけではなく、現実にかなりの種類のものが、島津重豪のもとで飼育され、かつ、異種交配によって新たな珍鳥の作製が行われていた。当時の大名たちの珍鳥収集は、日本産外国産の珍鳥から、その変異種、さらには異種交配による新種の創造にまで進んでいたのである。『薩摩鳥類図巻』にも、たとえば、「島《シマ》ムク　替」「雉子《キジ》　替」「岩雀《イハスズメ》　替」「鶯《ウグヒス》　替」「アトリ　替」「鵤《イカル》替」等の変異種を示す「替《かわり》」という言葉を添えたものが見られる（図34）。『禽品　薩州』にも、「苦魯紫而（クロ

図35　『薩摩鳥類図巻』「雉子山鳥掛合」

ヅル）　カハリ　薩」（第三帖）という例が見られる。異種交配の例は、『薩摩鳥類図巻』に「雉子《キジ》　山鳥掛合《ヤマドリかけあはせ》」「雉子山鳥　掛合（雄）」（共にキジとヤマドリの交配種。図35）と見えている。薩摩藩で異種交配によって珍鳥が作られていたことは、佐野藩主堀田正敦《ほったまさあつ》編『堀田禽譜《ほったきんぷ》』に、薩摩藩で家鴨《アヒル》との交配によって作り出された「白鴛鴦《オシドリ》」図があることより分かる。アヒルと白いオシドリの図に「おなじく／白鴛鴦／薩侯所蓄」と記されている。

『島津禽譜』

江戸の大名たちは、大名趣味として、珍鳥を購入し、飼育し、絵図に描かせ、同じ趣味を有する大名たちと交流していた。では、島津重豪の場合、具体的にどのような鳥数寄《とりすき》大名たちと交流していたのであろうか。現在、鹿児島大学附属図書館には、『島津禽譜《しまづきんぷ》』（仮題）という鳥の絵図が所蔵されている。本来巻物仕立てのものが、剝がれて二十紙になったもので、一紙に一羽から九羽まで、総計八十一羽が描かれ、鳥名がそれぞれに記されている。一部、該当の鳥についての解説（主として、形態描写）や伝来などが加えられている。文政四年（一八二一）から文政八年までの年号が見られ、一八二〇年代前半の成立と考えられる。

本図譜の注記に記された大名は、以下の通りである。

堀田正敦（一七五八―一八三二）　近江堅田《おうみかたた》藩堀田家第六代、文政九年下野《しもつけ》佐野《の》藩へ転封。鳥類紹介書『観文禽譜《かんぶんきんぷ》』（寛政六年（一七九四）序）と画帳『堀田禽譜《ほったきんぷ》』（十一点、四百余種、東博本、伊達文庫本）によって知られる。

戸田《とだ》忠翰《ただなか》（一七六一―一八二三）　下野宇都宮藩戸田家第五代。

久世《くぜ》広誉《ひろやす》（一七五一―一八二一）　下総関宿《せきやど》藩久世家第五代。

水野《みずの》忠韶《ただてる》（一七六一―一八二八）　安房北条藩水野家第三代。文政十年、領地替えで上総鶴牧藩。房州に領地のある水野姓の大名で、鳥類に興味を持つ人物。

酒井《さかい》忠順《ただより》（一七九一―一八五三）　若狭《わかさ》小浜《おばま》藩酒井家第十一代。

井上正定《いのうえまささだ》（一七五四―一七八六）　遠江《とおとうみ》浜松藩井上家第二代。

有馬《ありま》誉純《しげすみ》（一七六九―一八三六）　越前丸岡藩有馬家第五代。島津重豪の三男を婿養子に迎えるも、病弱で戻される。

南部《なんぶ》信真《のぶまさ》（一七八〇―一八四六）　陸奥八戸《はちのへ》藩南部家第八代。島津重豪の五男を婿養子に迎える。

黒田《くろだ》斉清《なりきよ》（一七九五―一八五一）　筑前福岡藩黒田家第十代。文政五年、眼病のため、薩摩藩主島津重豪の九男長溥《ながひろ》を養子とする。天保五年（一八三四）隠居し、長溥に家督を譲る。

九人のうち、三人が島津重豪の子息を養子に迎えていること、絵図には薩州方言の注記があること、他家より送られたものではない鳥図の写生場所が、薩摩藩領内、たとえば、第十八紙七十二番に「薩州於宇治／島移之」とあり、現在の南さつま市笠沙《かささ》町沖の宇治《うじ》群島《ぐんとう》での写生であること、作成年代などを考慮すると、本図譜は、当時、隠居中の薩摩藩主島津重豪のもとで作成された可能性がきわめて高い。すなわち、本図譜は、文政四年から八年にかけて、島津重豪を中心とする江戸の鳥好き大名たちの交流の中で生み出された彩色鳥類図譜と考えられるのである。

一例を挙げてみよう。第十紙には「アホウドリ▲」（図36）の絵が描かれ、次のような注記がある。「唐土訓蒙図彙ニ信天翁ト有之候由、酒井修理大夫物語、且

アホウドリ　ミズナギドリ目アホウドリ科に属する鳥類。和名は、地上で動きが鈍く、人間を恐れないため、容易に捕獲されたことによる。羽毛採取のために乱獲され、現在は絶滅危惧種である。

図36　『島津禽譜』「アホウドリ」

井上故河内守写真ニモ右ノ如シ、先年有馬左衛佐方ニテ一覧仕候菱喰程有之」。また、「俗名　馬鹿鳥　沖の権蔵　唐津方言　アホウ鳥　ア子ゴ鳥　ゴンブ　海ウ　ゴブ　此生写水野氏ヨリ到来」。アホウドリの江戸時代のおける異名が列記され、安房北条藩の水野忠韶のもとより、現物のアホウドリの写生図が送ってこられたこと、遠江浜松藩の井上正定のもとにもアホウドリの写生図があったことを示している。

『鳥類魚類之画』

『鳥類魚類之画』は、現在、山階鳥類研究所に所蔵されており、二十五種の鳥類図を有する。伝来は明確で、島津家から山階宮家《やましなのみやけ》に嫁入りの時、持参されたものといわれる。山階宮家は、元治元年（一八六四）に、伏見宮《ふしみのみや》邦家《くにいえ》親王の第一王子晃《あきら》親王の創立した宮家で、第二代菊麿王《きくまろおう》に、第二十九代薩摩藩主島津忠義の第三女常子《ひさこ》が嫁いでいる。この時、島津家に伝わった『鳥類魚類之画』が輿入《こしい》れ道具として山階宮家の所蔵となり、現在に伝わるのであろう。『鳥類魚類之画』は、博物図譜が江戸後期の大名文化の重要な一部であったことを示している。

『鳥類魚類之画』は、箱書きに墨書「鳥類魚類之画／御巻物　弐巻」とあり、箱内に巻子本二巻が収められている。鳥類巻には、鳥類図二十五図を収め、そのいくつかについては解説文が付されている。二十五図の墨書された鳥名と、現代の鳥類研究者によって同定された鳥名を記すと以下のようになる。

第一図、かはりくろ鶴（ナベヅル）、第二図、くろつる（ナベヅル）、第三図、色鶴（想像図）、第四図、あねは鶴（アネハヅル）、第五図、あねは鶴一種（クロヅルまたはカナダヅル）、第六図、シヤムロ鶴（ソデグロヅル、幼鳥）、第七図、かき鶴（ソデグロヅル、幼鳥）、第八図、鸛（コウノトリ）、第九図、くろ鸛（ナベコウ）、第十図、黒鸛（ナベコウ）、第十一図、鵁鶄（ハゲコウ）、第十二図、黒トキ（クロトキ）、第十三図、白鷺（ダイサギ）、第十四図、小鷺（コサギ）、第十五図、たいさき（チュウサギ、ダイサギ）、第十六図、黒はし大さき（ダイサギ）、第十七図、もゝ白大さき（ダイサギ）、第十八図、鳥めくり（チュウサギ）、第十九図、へら鷺（ヘラサギ）、第二十図、なはしろ鷺（アマサギ）、第二十一図、リツトフーン（オオバン）、第二十二図、鳩、小ばん（バン）、第二十三図、青鵁（セイケイ）、第二

十四図、翠雲鳥（セイケイ）、第二十五図、はるばん（シロハラクイナ）。

捕獲年月日、捕獲場所、捕獲者、あるいは図版所蔵者についての情報が記載されているものを整理すると、以下のようになる。

かはりくろ鶴：文化九年（一八一二）二月十三日に戸田五助某が組の同心坂本政之丞某というものが、葛飾郡館野村にて鷹によって捕えたものをご公儀に献上。

色鶴：仙台中将家所蔵の図に「イロ鶴」とあり、雌雄ともに同じである。

あねは鶴：今、官園に飼っている。三池侯の献上品である。

シヤムロ鶴：狩野家（養川院）所蔵の図にもよく一致する。

かき鶴：先年、播磨国で捕獲したことがあり、写生図を見たことがある。

くろ鸛：日向国高鍋で捕獲したものの写生図を蜷川何某から示された。壱岐守忠韶朝臣によれば、肥後隈本で一年中見られるとのこと。

鵁鶄：前年、備前国岡山百間川より来る。

もゝ白大さき：忠韶朝臣によれば、勢州摂州辺に生息。

なはしろ鷺：忠韶朝臣によれば、上下総州より、江戸の鳥商のもとに送られてくるという。

リツトフーン：オランダ船で船載されたリツトフーンというものである。長崎から写生図が贈られてきた。

青鶏：高須侯の写生図にある海南鶏が、同じもののようである。後に栗本瑞見所蔵の青鶏の写生図と照らし合わせた。平岡美濃守頼長の話によれば、十代将軍徳川家治の時に、四羽輸入され、吹上の官園で飼育されていたという。

はるばん：寛政三年（一七九一）三月に永井日向守某朝臣の所領である摂津国高上郡高槻で捕獲された。

江戸時代の博物図については、実物からの写生ではなく、写生からの模写が多くを占めているという指摘がある。本図についても、鳥類巻第第二十一図「リットフーン」図は、国立国会図書館所蔵の『外国産鳥之図』の「リットフーン」の瓜二《うりふた》つ絵である。

「戸田五助」は、徳川吉宗によって再興された鷹匠《たかじよう》制度における鷹匠頭《たかじようがしら》で、大身の旗本である。「坂本政之丞」は、戸田五助配下の鷹匠同心と推定される。「かはり」とあるので、ナベヅルの変異種として献上されたのであろう。

「仙台中将」は、陸奥仙台藩伊達家第十二代伊達斉邦《だてなりくに》（一八一七—四一）であろう。伊達家では第八代より第十一代までは少将位で、伊達斉邦のとき天保二年（一八三一）に中将位につく。

「官園」「吹上の官園」は幕府江戸城内の吹上御庭《ふきあげおにわ》のことで、吹上奉行のもと属僚として鳥方が置かれていた。

「三池侯」は、筑後三池藩立花家第六代立花種周《たちばなたねちか》（一七四四―一八〇九）を指すと考えられる。立花種周は寛政五年（一七九三）若年寄に就任するが、文化二年（一八〇五）に老中松平信明との政争に関与・連座して、解任、蟄居を命ぜられ、同年致仕。翌年嫡子の種善《たねよし》は、陸奥下手渡《しもてど》に遷封、三池領は幕府に没収された。三池領が立花家に復するのは幕末期になってからである。

「狩野家」は、狩野惟信《かのうこれのぶ》（一七五三―一八〇八）、法号養川院である。幕府の御用絵師で、寛政六年に法印となる。

「壱岐守忠韶朝臣」は、安房北条藩水野家第三代水野《みずの》忠韶《ただてる》である。安永四年（一七七五）十五歳で領主となり、壱岐守に任ぜられた。文化五年若年寄となり、文化八年領地替え、上野吾妻郡内に代地を与えられ、文化十年鶴牧藩に移った。養子の忠実《ただみつ》（酒井忠徳次男）の正室は島津重豪の養女於立である。

「高須侯」は、尾張藩の支藩である美濃高須藩尾張松平家である。第何代当主を指すかは不明。

「栗本瑞見」は、幕府の奥医師で、著名な博物学者栗本丹洲《くりもとたんしゅう》である。「平岡美濃守頼長」は、寛政三年から文化十三年まで、御側御用取次を務めた旗本平岡頼長である。

「永井日向守某朝臣」は、摂津高槻藩永井家第九代永井直進《ながいなおのぶ》（一七六一―一八一五）である。

これらの記載より、鳥類巻が、少なくとも文化九年以降のものであること、各地で捕獲された珍鳥が献上されて江戸城吹上御庭にて飼育されていたこと、鳥数寄の大名たちのネットワークを通じて鳥の写生図が流通していたこと、写生図の作成には狩野派の絵師も参加していたこと、が分かる。

島津重豪のもとで展開した薩摩藩の博物学で、絵図と考証を一組とするものには、後述する『成形図説』鳥ノ部があり、山階鳥類研究所所蔵『鳥類魚類之画』で扱われた鳥類と重複するものがある。しかしながら、比較を行うと、『成形図説』鳥ノ部の考証が、漢名を主とし、異名、和名、解説の順であるのに対し、『鳥類魚類之画』では、和名を主とし、和名の異名、漢名、解説となっている。また、絵図自体も両者に模写関係はない。二者は、全く別個に作成されたものと考えられる。

『西洋諸鳥図譜』

玉里島津家初代島津久光《ひさみつ》の蔵書である鹿児島大学附属図書館玉里文庫には、『西洋諸鳥図譜《せいようしょちょうずふ》』（図37）と題するオランダの鳥類図鑑の彩色模写本と原本のオラ

図37　『西洋諸鳥図譜』

ンダ語部分の翻訳『西洋諸鳥詳説』が所蔵されている。『西洋諸鳥図譜』は、大型の折本（四二・二×三一・六センチメートル）二帖より構成され、第一帖の向かって左の表に五十二図（鳥の写生図とラテン語・オランダ語で一図とする）、裏に四十六図、第二帖の表に五十図、裏に五十図が配されている。『西洋諸鳥図譜』第一帖の表第一図から第四十九図が、『西洋諸鳥詳説三編』に対応し、『西洋諸鳥図譜』第二帖の表第一図から第四十九図が、『西洋諸鳥詳説二編』に対応する。二編巻一巻頭には、「和蘭国都楽的爾達謨之大学校諸般究理窮検術碩学長　歌爾搦里斯納熱万　著述　和蘭都府亜模斯得児達謨之大学校官人本草究理画史　祈利斯氏亜安設弗　写真　日本　崎楊　和蘭訳司　堀　好謙　訳編」とあり、二編巻頭の題言の年号が「和蘭紀元一千七百八十九年」、三編巻頭の題言の年号が「和蘭紀元一千七百九十七年」であることから、この『西洋諸鳥図譜』及び『西洋諸鳥詳説』のオランダ語原本は、Nozeman (C.) and Houttuyn (M.), *Nederlandosche*

Vogelen. 5 vols. 250col. plts. 1770-1829と推定される。原本は五編で、オランダ語部分は第二編と第三編の翻訳のみが伝来し、図譜は全二百五十図のうち、百九十八図の写しが伝来しているのである。翻訳を担当したオランダ通詞の堀好謙については未詳。なお、『西洋諸鳥詳説』第四冊の三編巻五第三十八章に「愿謹按ルニ〔下略〕」という注記があり、島津重豪に仕えた博物学者曾槃の息子曾愿《そうげん》のものと推定されている。おそらくは、このような西洋の鳥類図譜あるいはその写しが数多く島津重豪のもとに収集され、模写及び研究がなされていたのであろう。

図38『成形図説』鳥ノ部「丹頂（タンチョウヅル）」

『成形図説』鳥ノ部

『成形図説』は、薩摩博物学を代表する著作であるが、現在、残されている『成形図説』の既刊部分は、三十巻で、その内容は、農事部（巻一から十四）、五穀部（巻十五から二十）、菜蔬部（巻二十一から三十）である。この他、

静嘉堂文庫に『成形図説』の未刊部分の写本が所蔵されている。菌部一巻、薬草部七巻、草部三巻、木部三巻、果部一巻が錯雑して編集されている。また、東京国立博物館にも、『成形図説』未刊写本が所蔵されている。これは鳥部に当たる美しい彩色図譜で三百八十図を収める（図38）。全二十冊、第十二冊までは巻数表示があり、巻百一から百六、百十一から百二十で、巻百七から巻百十を欠く。第十三冊以降は巻数表示も鳥名表示もなく、鳥類図のみである。巻頭の序言から、『成形図説』鳥ノ部が、曾槃の没後、おそらくは曾槃のもとにあった原稿から作成された写しで、それを島津重豪が購入し、秘蔵したものということが分かる。

『成形図説』鳥ノ部では、『本草綱目』に基づく鳥類の四分類「水禽・原禽・林禽・山禽」より、分類項目が三つ増え、七分類「水禽・原禽・林禽・山禽・家禽・番禽・島禽」と詳細になっている。巻百一巻頭の「羽族提要」によると、水禽は水面を遊泳する鳥、原禽は地上に住んで地面を歩く鳥、林禽は樹木に住む鳥、山禽は岩場に住する鳥である。追加された三種は、家禽は家に飼われた鳥、番禽は西洋人がもたらした外国産の鳥で、島禽は島嶼《とうしょ》の産をいうものではなく、産地の不明のものを指す。しかし、現存するのは、水禽、原禽、林禽の三種の部分のみである。

第二冊巻百三「朱鷺（トキ）▲」の項をみてみると、まず、四丁表に朱鷺の図があり、五丁表から六丁表にかけて本文が和文で配されている（図39）。読みやすく一部表記を変更した。

朱鷺『禽経』

異名　紅鶴『食物本草』

和名　都岐『和名抄』　止岐　太宇乃登里　太宇賀年　照羽［関東］　波奈久多［近江］　太袁［越中］

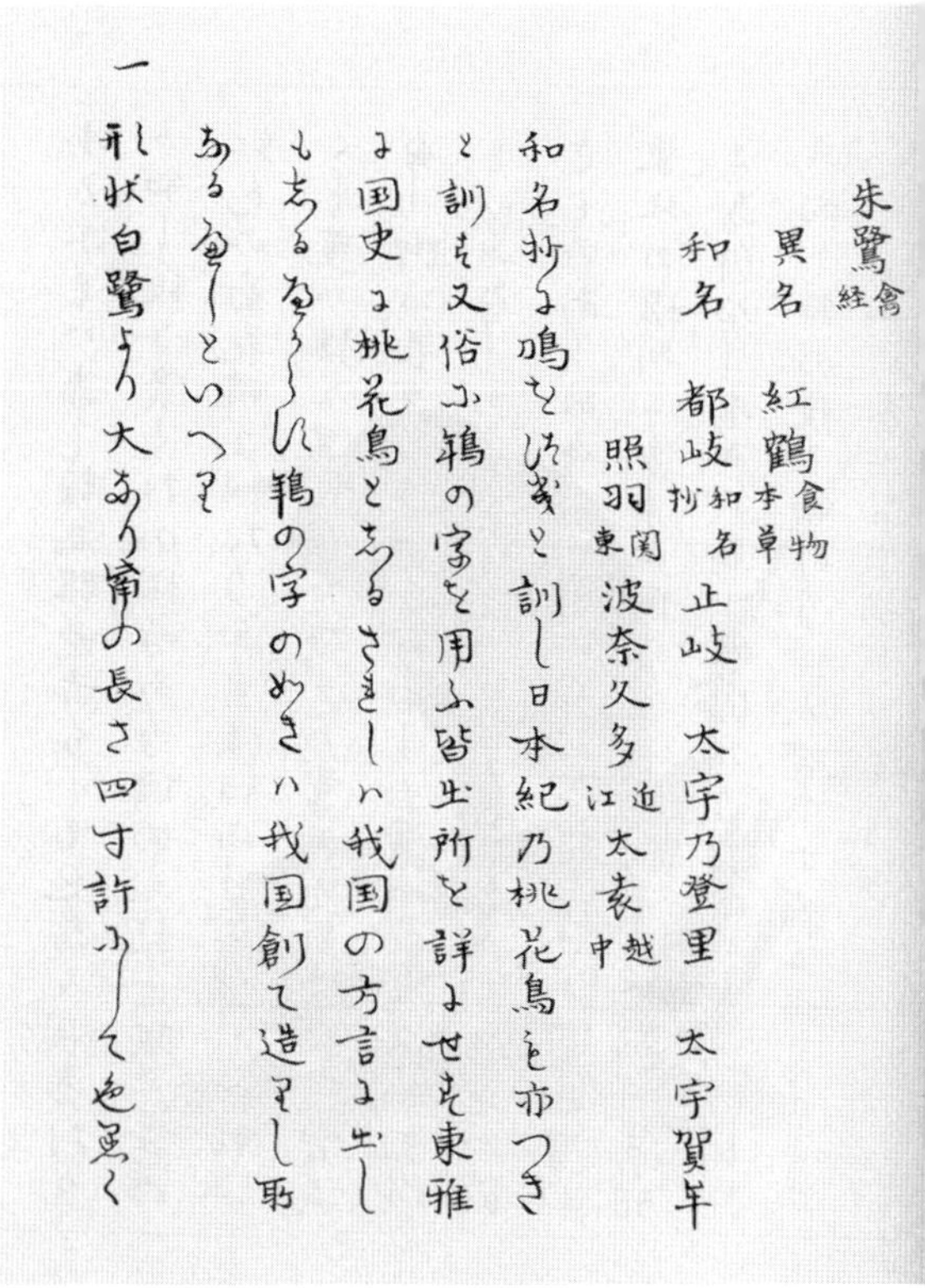
朱鷺 禽経
異名 紅鶴 食物本草
和名 都岐 和名抄 止岐 太宇乃登里 太宇賀年
照羽 関東 波奈久多 近江 太袁 越中
和名抄ニ鴇を洼岐と訓し日本紀乃桃花鳥を亦つき
と訓も又俗ニ鴇の字を用ふ皆出所を詳ニせさる東雅
ニ国史ニ桃花鳥とあるさましハ我国の方言ニ出し
もあるなるへし鴇の字のめきハ我国創て造りし所
あるなしといへり
一 形状白鷺より大なり嘴の長さ四寸許ニして色黒く

図39　『成形図説』鳥ノ部「朱鷺（トキ）」

トキ　コウノトリ目トキ科トキ亜科に属する鳥類。アジアに広く分布したが、羽毛目的で乱獲され激減し、日本では野生種は絶滅した。全長約七五センチメートル。全体に白色で、尾羽などがトキ色とよばれる淡紅色を帯びる。

『和名抄』に鵃を「つき」と訓じ、『日本紀』の桃花鳥も亦「つき」と訓ず。又俗に「鴾」の字を用ふ。皆出所を詳にせず。『東雅』に国史に桃花鳥としるされしは、我国の方言に出しもしるべからず。「鴾」の字の如きは、我国創《はじめ》て造りし所なるべしといへり。

一　形状、白鷺より大なり。嘴の長さ四寸許にして色黒く、本と末とは赤し。額及眼辺赤くして、毛なく爛れたるが如し。故に「鼻くた」の俗呼あり。頂の毛乱れ起りて、淡紅色の菊花弁に似たり。全身淡紅にして、翮ハ色稍深く、其茎ハ殊に深し。翼を張れば、裏面尤《もつとも》紅にして観るべし。脚は長さ七寸許、其色赤し。白鷺に比すれば、短しというべし。これを関東にて照羽《テリハ》と称す。別に色の淡きものある故なり。又形の稍《やや》小なるものあり。紅隺ハ東北の諸州に多し。西国にては見る事少し。翮ハ箭羽となすべし。鳴声は烏に略《ほぼ》似たり。肉味は美ならず。

一　其肉、下部の疾《やまい》に効あり。婦人帯下の病に塩蔵のものを少許づつ羹《あつもの》となし食してよし。

(『和名抄』に鵃を「つき」と訓じており、『日本書紀』の「桃花鳥」も「つき」と訓じている。また、俗に「鴾」の字を用いる。みな出典を明らかにしない。新井白石『東雅』(一七一七年成立)に、「日本の歴史書に「桃花鳥」と記されているのは、我が国の方言に出るものであるが、不明である。「鴾」の字は、我が国で創作された文字であろう」と言う。一、形状は、白鷺より大きい。嘴の長さは四寸ばかりで色黒く、根元と先端は赤い。額と眼の周りは赤く、毛なくただれたるようである。ゆえに「鼻くた」の俗称がある。頭頂の毛は乱れ立って、淡紅色の菊の花びらに似ている。全身淡紅色で、羽根は色がやや濃く、その茎は特に色が濃い。翼を広げると、裏面がとりわけ紅色で見る価値がある。脚は長さ七寸ばかり、色は赤い。白鷺に比較すると、短いと言える。これを関東では照羽《てりは》と呼ぶ。別に色の淡いものがいるためである。また、形のやや小さいものもいる。紅雀は東北の諸州に多い。西国ではあまり見られない。羽根は箭羽とすることができる。鳴き声は烏《カラス》にほぼ似る。肉の味は美味くない。一、その肉は、下半身の病気に効果がある。婦人病には塩づけのものを少しずつ煮込み料理にして食べると良い。）

おわりに

江戸後期、日本における博物学の視線は、北は蝦夷地へ、南は琉球へと向かった。薩摩藩主島津重豪によって主導された薩摩の博物学は南への視線を特徴とする。薩摩藩においては、明和五年（一七六八）頃、九州南部の薩摩藩本土部から琉球王国の八重山諸島まで、南北一千キロにわたる地域の生物調査が行われた。しかし、その調査で得られた標本類を学術的に分析しまとめあげる人材は薩摩藩にはおらず、標本は外部の人材である江戸の田村藍水に下賜され、『琉球産物志』（一七七〇）が著述される。曾槃という本草学者を召し抱え、薩摩藩としての本格的な博物学的探究を始めるのはかなり後のことである。薩摩藩としてまず手がけたのが、藩内の植物が薬としてどのような効能を持つかということを、本草学の本場である中国に質問するという事業である。琉球を通じて行われたこの事業は『質問本草』として天明五年（一七八五）には一応完成するが、琉球が実質的に薩摩藩の支配下にあることを隠蔽する必要から、著者は琉球人に偽装され、出版も重豪のひ孫である斉彬の時代、天保八年（一八三七）になった。

その後、薩摩藩は曾槃を中心として本格的な生物百科事典『成形図説』一百巻の編纂に取り組むことになる。残念ながら火災などの不運に見舞われ、原稿はいったん失われ、出版は農業に関連した三十巻にとどまった。現在では農書として知られているが、本来の構想は生物全体を対象とした総合的生物百科事典であった。曾槃は優れた本草学者であったが、彼の関心は生物そのものの探究へとは向かわず、その研究姿勢は文献を中心に過去の記述を整理するという考証学であった。これが薩摩博物学の限界をよく示している。島津重豪がシーボルトにも面会し、蘭学に並々ならぬ興味を抱く大名であったにもかかわらず、当時の薩摩藩の学術における蘭学の影響は限定的である。こうした点はひ孫の斉彬の時代になり、西洋学術が科学として産業として薩摩藩に導入されていったのとは大いに異なっていた。

薩摩藩の博物学のいまひとつの特徴は、鳥類研究である。当時、日本は長崎を通じて国際的な珍獣珍鳥交易の一環をなしていた。長崎を通じて輸入された珍鳥は、幕府や諸大名に買い上げられ、また見世物として各地を巡り、専門の見世物小屋も出現するようになっていた。江戸の諸大名の間では鳥を飼う行為が大名趣味の一部となっており、諸大名の江戸屋敷にはさまざまな鳥が飼育されていた。島津重豪も大名趣味としての鳥飼いを行っており、藩として専門の役人も抱えていた。総合的な養禽書『鳥賞案子』、鳥名辞典『鳥名便覧』、鳥類百科事典『成形図説』鳥ノ部の編纂は、江戸後期の大名趣味としての鳥飼いを背景に薩摩藩で特異な発達を遂げた博物学の分野である。

あとがき

　著者の専門は中国の古典文学、中国書誌学であり、本来、博物学の専門家ではない。薩摩、琉球の博物学に親しむようになったのは偶然の機会からである。著者が、鹿児島大学に赴任してからもう三十年になるが、赴任当時は現在と違って、地方の大学では中国の古典関係の図書収集は不十分で、研究の面では不自由な時代であった。幸いにも鹿児島大学附属図書館には玉里島津家の収集した和漢の古典籍一万八千九百冊が玉里文庫として所蔵されており、制限はあったが閲覧は可能であった。しかし、『玉里文庫目録』（鹿児島大学附属図書館、一九六六年）は旧来の大名家の所蔵形態をそのまま再現した配架目録で、現代の研究者にとっては不便な点もあった。そこで、漢籍だけを抽出した『玉里文庫漢籍分類目録』（高津孝編、鹿児島大学法文学部、一九九四年三月）を作成した。これが縁となり、一九九六年に中央図書館の落成記念として鹿児島大学所蔵貴重書の展示会を企画し、学内の古典籍に詳しい先生方の協力を得て善本図録を作成することになった。これ以降、現在までほぼ毎年、鹿児島大学附属図書館貴重書公開という展示会を実施し、図録を刊行している。著者が企画した展示会には以下のものがある。「薩摩の文化遺産　玉里文庫展」（一九九九年）、「江戸のまなざし　薩摩の名所図会展」（二〇〇〇年）、「江戸の趣味生活　薩摩の大名文化　重豪の時代展」（二〇〇一年）、「産業考古学と斉彬の時代」（二〇〇三年）、「絵本を旅する――江戸絵入り本の世界」（二〇〇四年）、「描かれた自然――江戸の植物図」（二〇〇六年）、「薩摩の女性文化――姫君たちの雅・暮らし」（二〇〇八年）、「明治の浮世絵師と西南戦争」（二〇一一年）、「木村探元と武家のたしなみ」（二〇一四年）。このような薩摩藩の関連図書について調査し解説文を執筆する作業を継続するうち、自然と薩摩藩に関係する博物学著作を広く知ることになった。

一方、琉球については、別の偶然が作用している。一九九三年に教え子の結婚式で鹿児島に来られた琉球大学教授・都築晶子先生（現在、龍谷大学名誉教授）が鹿児島大学に中国書誌学の専門家がいると知って、沖縄での漢籍調査を依頼してきたのであった。著者は喜んで依頼を引き受け、一年あまりの調査結果が『琉球列島宗教関係資料漢籍調査目録』（高津孝・栄野川敦編、榕樹社、一九九四年五月）である。その後も、調査を継続し完成させたものが『増補　琉球関係漢籍目録』（高津孝・栄野川敦編、鹿児島大学法文学部、二〇〇五年）で、この目録をもとに琉球王国時代の漢文文献を集成した『琉球王国漢文文献集成』（三十六冊、高津孝・陳捷編、復旦大学出版社、二〇一三年）を刊行した。こうした琉球漢籍調査の中で琉球の博物学書にも触れることになった。その後、これまで薩摩と琉球について書いた論考をまとめたものが『博物学と書物の東アジア――薩摩・琉球と海域交流』（高津孝著、榕樹書林、二〇一〇年）で、本ブックレットのもとになっている。

先行研究について紹介しておこう。薩摩藩の博物学について、系統的な整理を行ったのは、永井実孝「薩摩藩博物学年表」『鹿児島高等農林学校開校廿五周年記念論文集』（一九三四年）である。その後、内藤喬「薬園と本草学」（『薩藩の文化』第三章、鹿児島市、一九三五年）がある。上野益三『薩摩博物学史』（島津出版会、一九八二年）は薩摩藩の博物学を歴史的に記述した初めての書物である。本書も上野博士の著作に負うところが多い。

本書成立のきっかけは、平成二十四年度に始まった国文学研究資料館主宰の共同研究「アジアの中の日本古典籍——医学・理学・農学書を中心として」に参加したことである。日本古典籍は、文学、思想、歴史書の分野では整理・研究が進んでいるが、医学・理学・農学書の分野では優れた個別研究が多いにもかかわらず、その整理・分類についてはこれからという点が多い。この研究会は、広くアジア全体の視点に立って、日本の理学系古典籍を総合的に研究することを目的とする。本書は、この共同研究の成果の一つである。

二〇一七年五月

高津 孝

図30 『鳥賞案子』 国立国会図書館 特1-2133 国立国会図書館デジタルコレクションで公開

図31 『鳥養草』 公益財団法人武田科学振興財団杏雨書屋 杏4005

図32 『鳥名便覧』 国立国会図書館 特7-184 国立国会図書館デジタルコレクションで公開

図33 『百花鳥図』 国立国会図書館 寄別10-1 国立国会図書館デジタルコレクションで公開

図34・35 『薩摩鳥類図巻』 国立国会図書館 本別10-10 国立国会図書館デジタルコレクションで公開

図36・カヴァー 『島津禽譜』 鹿児島大学附属図書館 未登録

図37 『西洋諸鳥図譜』 鹿児島大学附属図書館玉里文庫 天の部180番1178

図38・39 『成形図説』鳥ノ部 東京国立博物館 QA-2386 東京国立博物館デジタルライブラリーで公開

掲載図版一覧

図１・９　『本草質問』　沖縄県立図書館　K499/G54/1-3　沖縄県立図書館貴重資料デジタル書庫で公開

図２〜５・７・８　『質問本草』（天保刊本）　国立国会図書館　特1-820　国立国会図書館デジタルコレクションで公開

図６　『質問本草』（天明写本）　鹿児島大学附属図書館玉里文庫　天の部53番553

図10　「島津重豪肖像」　鹿児島県歴史資料センター黎明館寄託　個人蔵

図11　『南山俗語考』　早稲田大学図書館　ホ05 01975　早稲田大学図書館古典籍総合データベースで公開

図12　『長短雑話』巻頭　鹿児島大学附属図書館玉里文庫　天の部88番780

図13〜15　『成形図説』　国文学研究資料館三井文庫　MY-1461-2　国文学研究資料館館蔵和古書目録データベースで公開

図16　『国史艸木昆虫攷』　鹿児島大学附属図書館玉里文庫　天の部96番868

図17　『本草綱目纂疏』　東京大学総合図書館　T81：236　国文学研究資料館日本古典籍総合目録データベースで公開

図18　『西洋草木韻箋』巻頭　鹿児島大学附属図書館玉里文庫　天の部89番812

図19　『西洋名物韻箋』巻頭　鹿児島大学附属図書館玉里文庫　天の部89番813

図20　『春の七くさ』　国立国会図書館　特1-1890　国立国会図書館デジタルコレクションで公開

図21　『中山伝信録』（明和3年刊本）　国文学研究資料館　ワ2-44-1~6　国文学研究資料館館蔵和古書目録データベースで公開

図22　『中山伝信録物産考』　国立国会図書館　寄別11-25　国立国会図書館デジタルコレクションで公開

図23・24　『琉球産物志』　国立国会図書館　寄別11-6　国立国会図書館デジタルコレクションで公開
『琉球産物志』　国立国会図書館　特1-2018　国立国会図書館デジタルコレクションで公開

図25・26　『薩摩州虫品』　国立国会図書館　853-186　国立国会図書館デジタルコレクションで公開

図27・28　『御膳本草』　ハワイ大学阪巻・宝玲文庫　HW735　琉球大学琉球・沖縄関係貴重資料デジタルアーカイブで公開

図29　『唐蘭船持渡鳥獣之図』「錦鳩（キンバト）」　慶應義塾図書館　132X@166@5@1-5

高津 孝（たかつたかし）

1958年生まれ。大阪府出身。京都大学大学院文学研究科博士後期課程中退。現在、鹿児島大学法文教育学域法文学系教授。専攻、中国古典文学。著訳書に、『博物学と書物の東アジア――薩摩・琉球と海域交流』（榕樹書林、2010年）、『東アジア海域に漕ぎだす3 くらしがつなぐ寧波と日本』（編。東京大学出版会、2013年）、『琉球王国漢文文献集成』全36冊（共編。復旦大学出版社、2013年）、『中国学のパースペクティブ』（編訳。勉誠出版、2010年）などがある。

ブックレット〈書物をひらく〉6

江戸の博物学――島津重豪と南西諸島の本草学

2017年7月21日　初版第1刷発行

著者　高津 孝
発行者　下中美都
発行所　株式会社平凡社
〒101-0051　東京都千代田区神田神保町3-29
電話　03-3230-6580（編集）
03-3230-6573（営業）
振替　00180-0-29639
装丁　中山銀士
DTP　中山デザイン事務所（金子暁仁）
印刷　株式会社東京印書館
製本　大口製本印刷株式会社

ISBN978-4-582-36446-0
NDC分類番号460　A5判（21.0cm）　総ページ112

平凡社ホームページ http://www.heibonsha.co.jp/